金属

Metal Material

材质

|万|用|设|计|事|典|

漂亮家居编辑部 著

从空间设计适用的金属种类、表面加工与涂装，到施工方法的全解析，玩出材料的新意与创意！

北方联合出版传媒（集团）股份有限公司

辽宁科学技术出版社

目 录

第一章 | 空间设计常用的
金属材质知识

第二章　空间设计常用的金属材质选择与运用

第一章

空间设计常用的
金属材质知识

1 金属材质的种类

金属材质可分为钢铁与非铁两大类，其中钢铁材质是以铁为主，再加入一些元素，如碳、硅、锰、磷、硫等，碳含量在2%以下者为钢，2%~6.67%者为铸铁。非铁材质指的是主要成分非铁的金属合金，包含轻金属（如铝、镁、钛等）、贵金属（如金、银等）、铜合金、超合金等。依据空间设计常用金属材质，分别介绍钢铁、铜、铝等，并就各自特性、用途分别进行说明。

钢铁

钢铁的用途与人类生活息息相关，小至手表、锅铲，大至交通工具、房屋建筑等，钢铁作为材料皆扮演极重要角色。钢铁的主要成分为铁，在冶炼钢铁的过程中，含铁的矿石先在高炉中被熔融成生铁，由于生铁含碳量过多，且含大量的硅、锰、磷、硫等杂质，因此质硬而脆，不易加工，经过炼钢的步骤才能除去不纯物与过多的碳，除碳的过程中不能将碳除尽，钢需要有一定量的碳，才能产生一定的性能。

为了赋予钢特殊的性质，在冶炼的过程中，会适量加入一些合金元素（如碳、硅、锰、磷、硫等），制造出的钢表面具有特殊性能，如耐热、耐磨、耐腐蚀等。接下来将从材质特色、适用性等方面说明钢与铁之间的差异。

| 碳钢 |

台湾科技大学助理教授谢之骏指出，碳钢由五大元素碳、硅、锰、磷、硫组成，一般钢铁的碳含量范围是0.2%～2.0%，依据含碳量的多寡区分出低中高碳钢，同时也是决定各种用途的关键。低碳钢的含碳量通常低于0.25%，延展性佳也易于加工（如锻造、焊接、切削等），常用于制造建筑结构用的型钢、钢筋等，交广工程顾问有限公司负责人陈敬贤表示，正因低碳钢的碳含量低，用于建筑构件中可发挥高塑性及韧性，亦能抵抗相当复杂形态的外力。中碳钢的含碳量介于0.25%～0.60%之间，此类钢材在制造过程中会不断反复地进行热处理，以提高含碳量，碳含量提升连带强度会增加，但却会拉低延展性与韧性，在建筑空间中，此类钢材较常被运用在要求高强度、耐磨耗的零件上，如螺丝、螺丝帽等。高碳钢的含碳量则为0.6%～1.4%，属于碳钢中硬度最大、强度最高的，但其加工性相对低，主要作为工具和模具用钢。陈敬贤谈道，在建筑结构的使用上高碳钢较不普遍，但是在一些变形量要求较低，或能抵抗温变的场合中很常用，如轴承、门框等。

金属材质注意事项

1. 建筑结构因为要抵抗本身的自重以及地震及风力等外来力量，所以必须要具备延展性及韧性，不能够太硬太脆，因此，必须选择含碳量适当的，既能发挥强度，又能展现材质的韧性。

2. 过去以有无磁性来区分是否为纯正不锈钢的办法其实不可靠，因为含有过量的重金属锰的劣质不锈钢很可能蒙混过关，若长期使用这类不锈钢，会严重危害身体健康。除了购买时留意出厂证明、型号之外，也要留意材质是否受损（如刮痕、膜剥落），若有，则不建议购买。另外也可以通过不锈钢锰含量检测液进行检验，或送至专业不锈钢质量检测公司检验，以免影响健康。

摄影：江建勋　金属提供：铁汉金属工艺有限公司

| 合金钢 | 为了改善钢材本身的性能，在冶炼碳钢的基础上，会再加入一些合金元素，如铬、镍、钼等，炼成所谓的合金钢，如锰钢、铬钢、硼钢等，以达到不同的使用目的。陈敬贤说道，锰钢即成分中含有锰，因此具有抗冲击、抗磨损等作用，但相对的热处理能力较低，多用于制造弹簧机械零件；铬钢指的是含铬的合金钢，质地坚硬、耐磨、耐腐蚀且不易生锈，多用来制作机器与工具；硼钢则是在钢材中加入硼元素，其强度好，硬度也很高，常用于制作汽车的车身板。在合金钢中，不锈钢（俗称为白铁）最为一般人所熟悉，其抗蚀性强，易于加工，易清洁维护，被广泛运用在日常生活中。谢之骏表示，不锈钢的成分中含有镍、铬、钼、钨等合金元素，其中铬、镍会让钢产生很好的耐腐蚀性，特别的是铬这种成分，铬含量超过12%时，可使钢铁表面形成一层氧化膜，阻止金属被进一步氧化，也能提高耐蚀能力。不锈钢也依铬、镍成分比例的不同，有200系列、300系列以及400系列之分。200系列里镍元素较少，价格低廉，也相对容易生锈；300系列里有高含量的铬、镍，相对坚固耐用，也是应用最广的级别，又以304、316使用最多；400系列成分中不含镍，或镍含量小于2.5%，且有磁性。 |

| 生铁 | 生铁是含碳量大于2%的铁碳合金，多半碳含量介于3.5%~4.5%，它是直接经由高炉生产出的粗制铁，可再进一步经过精炼制成熟铁、钢、铸铁和延展性铸铁等。 |

摄影：江建勋　金属提供：铁汉金属工艺有限公司

锻铁	锻铁是将生铁在炉中加热，以烧去部分碳，是含碳量在0.05%以下的铁，也称为熟铁、软铁。锻铁本身较软，虽然具备比较好的抗腐蚀性、韧性与延展性，但相对来说其硬度与强度则较低。
铸铁	经过铸造加工的生铁称为铸铁，也是含碳量在2%～6.67%的铸造铁碳合金的总称。

金属材质注意事项

1. 纯铁本身的含碳量过低，虽容易塑造形状，但是在承受外力时，容易非预期地弯折或破坏，如果用于建筑结构的梁柱构件，是很大的致命伤，因此比较少被用在建筑结构上面。

2. 一种材料应要用在合适的地方，就金属而言并非越硬越好，最终仍要依据用途决定合适的强度。

3. 使用金属材料时，一定要有材料检测的观念，原因在于这些材料会被用在我们的日常生活中，若成分不纯，质量不佳，不只有食品安全方面的疑虑，更严重的是会存在影响生命安全的问题。

金属材质注意事项

1. 铜与空气接触容易出现氧化变黑，虽然市场上有厂商可提供还原处理，但再与空间接触后仍会产生氧化的情况。

2. 相较于钢铁，铜在加工成型（如弯折）时易有回弹情况，要像钢材一样折出利落角度也稍有困难，再者其较脆、易裂，除焊接时不易黏结外，还容易出现排斥情况，若后续需要特别加工，须留意施工难度。

铜

铜为一种金属元素，它的导电及导热性在所有金属中排行第二，广泛使用在导电及导热用材上。铜与许多元素（锌、锡、镍、铝等）的互熔度大，可形成不同的合金，因添加成分不同，色泽也不同，造就出黄铜、青铜、白铜等。以下就空间设计中常见的红铜、黄铜做说明。

红铜

纯铜一般指红铜，本身带有红色光泽，在一些折射情况下也会出现紫色，所以也有紫铜之称。由于本身具有很好的导电与导热性能，因此大量用于制造电线、电缆等要求具有良好导电性的产品。壹式设计整合有限公司Rick指出，红铜本身质地较软，很适合锻造加工成型，如食器中的碗、汤匙等，有许多是以红铜制作而成的；不过也正因为质地过于柔软，较少会拿来作为结构材料。

黄铜

黄铜是铜合金中应用较为广泛的合金，即往纯铜中加入锌元素，随锌含量的增加，色泽会由红变黄，这样的混合除了造成颜色改变，会使黄铜拥有良好的耐腐蚀性、机械性能外，也易于切削加工成型，除了可造精密仪器外，一般常见的水管、冷凝管、五金组件、自来水管线等多以黄铜作为原料。另外，近几年黄铜也开始被广泛运用于室内设计中，作为家具、家饰、灯具的材质，独特的色泽与质地，为空间带来不一样的味道。

摄影：江建勋　金属提供：壹式设计整合有限公司

铝

铝为一种银白色的轻金属，《热处理——金属材料原理与应用》一文中指出，铝及铝合金的产量在金属中仅次于钢铁，是金属中用量较多的、应用范围较广的材料。第二次世界大战前铝的主要用途为制造飞机和锅炉器皿等，第二次世界大战时，由于加工方法的改善，铝的优越性能陆续被开发，因而被大量使用。

铝

纯铝本身的强度不高，在添加合金元素后，能制造出低、中、高不同强度的铝合金，以满足不同的需求。《防蚀工程》期刊中《铝合金的腐蚀与防治》一文谈及，铝合金因质量轻、强度高、易加工且耐蚀性佳等特性，所以应用十分普遍，大至飞机、火车、汽车等交通运输工具，小至铝门窗、易拉罐、食品包装、百叶帘等家居用品，这显示铝合金的应用早已和人类生活密不可分。翔博金属建材有限公司总经理陈建伯指出，可以通过挤压法生产出各种断面的铝合金型材，是建筑、空间设计中重要的结构与装饰材料，如轻型结构梁柱、门窗框架、幕墙结构架、装饰型材等。陈建伯进一步补充，铝合金板材也能与其他材料进行复合加工，并制造成铝塑复合板、铝蜂窝复合板等，这种复合板本身硬度够，耐候性佳，经常被拿来作为建筑内外部立面的装饰材料。

金属材质注意事项

1. 为避免铝与大气直接接触产生氧化情况，建议可在铝材上进行表面涂装，在涂装作业时，除确保清除表面残留杂质外，在切面也应加以涂装，使所有可能与环境接触的表面都有所保护，也避免氧化。
2. 定期检查铝材表面涂层是否有受到磨损或被刮伤见底的情况，若有这样的情况，最好进行修复与维护，避免与空气、环境接触氧化，进而影响其安全性。

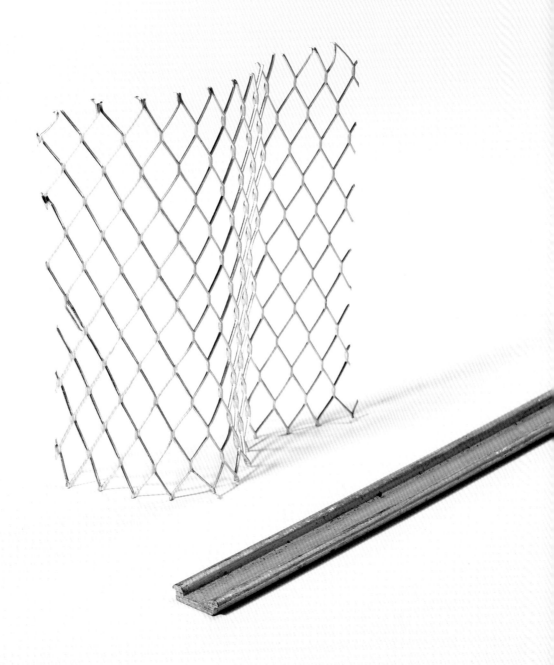

摄影：江建勋　部分金属提供：铁汉金属工艺有限公司

2 金属材质的型材样式

应各种市场需求及各种不同的应用层面，业者又将金属制成各种的型材样式，包含棒／管状、板／片状、网状等，随着技术不断创新，金属型材的使用也更为多元。

制材样式注意事项

1. 管状金属的标准长度单位为6m，零售计价单位最少计量为1支。（注：1m＝100cm）
2. 棒／管状金属多为规格品，除非遇特殊需求才会量产定制。

棒／管状

棒／管状的金属有空心（属于管材）与实心（属于棒材）之分。空心形式常见有方管、扁管与圆管，方管是边长相等的空心管材，扁管为边长不相等的管材，而圆管为圆形中空的管材；实心形式常见有方铁、圆铁，方铁是边长相等的实心管材，圆铁则是圆形断面的实心管材。棒／管状类的金属用途广泛，可通过后续加工、裁切、焊接等，运用于建筑、运输、农业、电器用品生产、家具制造等行业。

摄影：江建勋　金属提供：铁汉金属工艺有限公司

板 / 片状

金属经过加工后形成薄片，制成板／片状的板材，这是制材中常见的形式之一。铁汉金属工艺有限公司陈盈全谈道，金属板材可经由切割、弯曲、拗折等方式制出各种不同的形状，当然也可以通过焊接、拧螺丝等方式做板材的衔接与固定。金属板材的用途同样相当广泛，在建筑空间设计、室内设计、家具设备制造等领域均看得见其踪迹。

制材样式注意事项

1. 板材金属常见规格为120cm×240cm或150cm×300cm，需要特殊尺寸也可再定制。
2. 板材有厚薄之分，以钢板为例，习惯上将3mm以下列为薄钢板，3～6mm为中厚钢板，6mm以上为厚钢板，可根据需求选择合适的厚度。

摄影：江建勋　金属提供：铁汉金属工艺有限公司、壹式设计整合有限公司

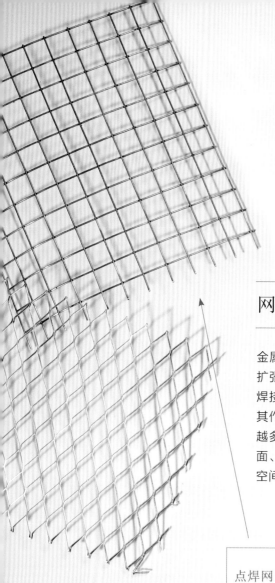

网状

金属板材经过冲孔、纵切与扩展拉伸成冲孔板与扩张网，或将低碳钢丝经调直截断后，再经电焊焊接后成点焊网，原本这些材料各司其职，发挥其作用，但随着运用形式更为多元与广泛，越来越多的人将这些网状形式的金属材料用于建筑立面、家具设计中，来展现材料不同的作用，也替空间、设计对象等展现出不一样的面貌。

点焊网

点焊网主要是先将低碳钢丝调直截断，再由电焊设备焊接成网片，网片上的孔多呈正方形（矩形）。请作铁木工坊钟政宏指出，点焊网早期主要作为建造建筑外墙时浇置混凝土所用的一种内材，可增强混凝土握裹力与固定性，以避免出现结构龟裂的情况。凭借其独特的形式，也开始作为家具柜体立面的装饰材料，同样凭借其穿透效果，可加强柜体本身的通风性与干燥性。

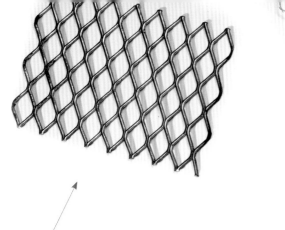

扩张网

金属板材经过扩张网机的纵切与扩展，拉伸成为一种大小、形状均相同的网板。扩张网早期运用于建筑中，是用于构造加固的一种材料，而今应用趋多元化，经过拉伸所产生的菱形孔状，不仅能丰富立面视觉，而且其穿透孔也有助于采光、通风，不少设计者会将它运用在建筑立面上，或直接作为柜体的门片材料，一展材料的美观性与实用性。

冲孔板

冲孔板（或称冲孔网）是将金属板材以冲剪拉伸或冲孔方式，使表面有各类孔的金属板，黑铁、不锈钢、铝等都可制作成为冲孔板。钟政宏表示，其表面孔多以圆形为主，另外，市场上也有一些特殊造型的，如六角形、菱形等。洞孔使冲孔板具有装饰性，常被作为立面装饰材料运用在建筑设计和室内设计中，如天花板、墙面、门片等，使空间充满视觉感，整体效果也加分不少。

制材样式注意事项

1.在裁切上要注意网状金属收边处的表面处理，降低与空气直接接触的可能性，以避免氧化情况产生。

2.冲孔板、扩张网也可提供所谓的附框造型，可依设计需求选择合适的形式。

摄影：江建勋　部分金属提供：铁汉金属工艺有限公司

3 金属材质的加工成型

每个金属部件的成型，必须经过不同的加工方式。金属加工分很多种形式，就固体成型加工来做说明，所使用的原料为金属板材、棒／管状材及其他固体形态，常见的加工方式包含切削、弯折／弯曲、焊接／熔接等。

加工成型注意事项

1. 由于切削主要通过切削工具完成，工具的优劣将关系到整个切削工作的成败。
2. 切削速度为切削效果的主要影响因素，建议速度要控制一致，所制造出来的成型对象才相对不会有误差。

切削

切削指的是通过工具与刀具相互作用将材料切割成型。切削包括车削、冲孔、激光切割及其他具有切削作用的机器加工等。车削是基本、常见的切削加工方法，其所使用的机器为车床，可处理一般切削工作，亦可做外径及端面的切削等；冲孔是利用特殊工具在金属片上冲剪出各种形状或大小的洞孔。切削方式没有绝对，只看是否合适，最终仍要依据材料、造型、需求，选择合适的金属材料切割方式。

摄影：江建勋　金属提供：铁汉金属工艺有限公司

弯折 / 弯曲

＋

将固体金属材料放置在弯板机上，施力将金属拗折出各种的角度。设计师吴透表示，金属板材弯折时会有一定的回弹，会因板厚而使折线成圆角（即R角），角度要比要求的角度稍大一些，为了让工件更为平整、利落，会在内角做一个V-CUT（刨沟），这主要是在铁板表面刨出一条沟槽，再继续弯折加工，会使几何外形较为理想，亦能减少板材拆弯时R角的角度。

加工成型注意事项

1.超薄型的金属板较不合适刨沟。

2.若板材本身较薄，要留意折弯处是否较为脆弱的问题。

摄影:江建勋　金属提供: 壹式设计整合有限公司

焊接 / 熔接

+

焊接（或称熔接）是以加热或加压方式，将金属与其他热塑性塑料接在一起。金属焊接技术有气焊（又称氧乙炔焰焊接）、电焊、氩弧焊（TIG焊接）等，气焊是古老的通用技术，而后则又有所谓的电焊、氩弧焊。气焊是使用乙炔与氧气所产生的高温火焰熔化金属进行焊接；电焊是指通过电能，再经由熔化、加热、加压，将金属工件永久性地连接。氩弧焊属于电弧焊的一种，是利用氩气对金属焊材的保护，通过高电流使焊材熔化，使被焊金属与焊材达到结合的一种技术，因其焊接成型好，又可实现精细焊接，是现今常被使用的一项技术。

加工成型注意事项

1. 做好焊前（包括焊机、焊接材料）准备，清理接口等，以免影响焊接质量，再者也要定好相关作业规范与流程，以利管控质量。
2. 焊接质量的好坏，与焊工的技能直接相关。

摄影：江建勋　金属提供：铁汉金属工艺有限公司

4 金属材质的表面加工

除了通过不同的形状、样式增添外观的差异外，也会针对表面做加工处理，在美化材质的同时也提升装饰性能。

金属材质的表面加工样式并没有固定样式，可依据个人的喜好，对于金属对象的使用习惯来做选择。这里分别就空间设计中常用的加工形式，拉丝、压纹、抛光技术加以说明。

表面加工注意事项

1. 若使用较为频繁，且要在表面使用拉丝技术，建议选用乱纹，当不小心产生刮痕时也比较不易被发现。
2. 抛光后的表面较为光亮，使用上要多加注意，以免刮伤金属表面影响美观。

拉丝

拉丝是利用机械加工出不同的纹理，以毛丝面为例，主要是用纱布，以轮抛光加工方式，使不锈钢表面呈现出直线的光泽细纹。乱纹面则是以偏心圆打转方式抛光，呈现不规则方向性细纹。

压纹

压纹是通过机械设备在金属板上进行压花加工，使板面出现带有凹凸的图纹样式。

抛光

抛光指的是利用机械、化学或电化学等技术，使金属表面粗糙度降低，以获得光亮、平整表面的加工方法。光面是将不锈钢经冷轨退火后，再施作细轧平整加工，使其具有良好光泽，至于镜面则是再用羊毛轮进行研磨，使其具备高反射性。

摄影：江建勋　金属提供：壹式设计整合有限公司

5 金属材质的表面涂装

电镀与涂装都属于表面加工范畴，电镀或涂装除可赋予金属材质一些功能外，也能让表面更加美观。电镀主要是在金属表面镀上金属镀层，如锌、镍、锡、银、金等，依据元素提供不同的功能作用。涂装则主要包括喷漆、烤漆等，通过不同方式提供不一样的呈现效果。

电镀

电镀是利用电解反应把一种金属镀于另一种金属的物体表面上，其目的是改变物体表面的特性，使金属表面具有光泽、防锈、防腐蚀，甚至提高耐磨性能等。电镀又因需要的不同，分为镀铜、镀锌、镀银、镀铬、镀镍、镀锡、镀金及镀其他合金等。其中，镀锌是用途较广泛的表面镀层处理，锌层能防止钣金件的腐蚀。镀锌又可再分为电镀锌与热浸镀锌，前者通过电解设备镀上一层锌，后者则是将钢板放入热镀锌槽中进行表面镀锌，呈现出块状或树叶状的亮银色结晶花纹，其镀锌层又分为超平滑表面（无花）、一般锌花（大花）、微细锌花（小花）。至于镀钛，它与一般电镀不太相同，采用的是物理蒸镀的方式，钛金属蒸发后会成为气体原子或电浆形态，再利用真空离子镀膜技术，将钛离子附着至被镀物体表面上，其过程比较属于物理加工，可避免化学电镀所产生的废料，镀钛可镀上的金属色泽多元，如金色、铜色、香槟色等。陈建伯表示，镀锌常运用于铁或钢材上，镀钛则使用在不锈钢上，镀钛表面在使用上须小心碰撞刮伤，因为较难修复。

表面涂装注意事项

1.在针对不同材料的电镀锌处理时，宜按照不同类型的金属材料制定合适的处理流程。

2.电镀后的颜色无法做到均匀一致，建议要提供可以接受的颜色差距值。

摄影：江建勋　金属提供：铁汉金属工艺有限公司

表面涂装注意事项

1. 喷涂厚度的单位为μm（微米），喷涂1条等同于0.001cm=0.01mm=10μm，数值越大表示越厚，实际会依照各家厂商操作人员、机器、漆剂浓度而有所不同。
2. 被喷涂物的表面一定要清洁干净，以免物质残留影响材质，也破坏美观性。
3. 各家厂商的涂装方式、流程皆不同，建议在选择前可以多方比较，通过实际产品判断质量好坏再做选择。

涂装

涂装是表面处理过程中一项重要的流程，指将涂料喷涂在物体表面作为装饰。在金属涂装里，较常见的做法为喷漆、烤漆，可就预算、呈现效果等决定合适的方式。

喷漆　喷漆主要是通过喷枪，把由硝酸纤维素、树脂、颜料、溶剂等制成的人造漆，施涂于物体表面的一种涂装方法，可涂饰于汽车、家具、飞机、皮革等。

烤漆　烤漆是在喷上几道油漆后再经过烘烤定型，由于密着性高，可增加物体硬度。早期烤漆多以溶剂调和喷漆，再进行喷色、烘烤，偏液态涂装形式，由于这样的漆剂对环境有害，而后便将溶剂树脂改为粉状，再通过静点方式，将涂料附着于对象表面，经由200℃温度烘烤完成。粉体涂装所采用的设备几乎可达到全自动化，无须浪费人力资源，至于液态涂装在操作上则较具有弹性，当需要移至现场操作时，此方式较为方便。另外市场上也盛行一种氟碳烤漆，工二建筑设计事务所设计师胡靖元谈道，氟碳烤漆的耐候性、表面硬度都比其他烤漆理想，如果需要面对户外或相对潮湿的环境可以选用。

摄影：江建勋　金属提供：铁汉金属工艺有限公司

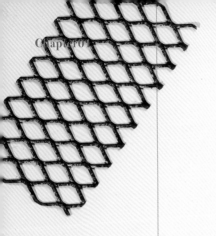

6 金属材质的使用维护

在日常生活中，经常使用或接触许多由不同金属材料制成的用品、工具或设备等，一般来说这些金属材料或多或少都会腐蚀，这是物质与周遭环境产生的一种反应，会使金属材质出现破损、性质退化等情况，除了造成使用上的不便外，也可能会危害安全，在使用时应多留意。

使用方式

钟政宏谈道，选用金属材质要依据使用需求、环境做评估后再选定，原因在于不少金属材质害怕潮湿环境，最常见的就是铁元素，其与环境中的水气、盐分等接触后，容易出现锈蚀的情况，若所处环境正好湿度、盐分均较高，建议避免使用铁元素。另外，环境中的酸碱值亦会对金属材料产生影响，例如在海边，若要选用不锈钢材质，建议使用316不锈钢，其耐酸碱腐蚀性更高一些。除此之外，还要留意环境中的日照问题，陈盈全指出，若环境中常有阳光直射，日照时间过长，虽然不会影响金属本身，但若是以喷漆处理的表面，有可能会失去原有的光泽和美观。

维护方式

在金属材质的使用上，应避免触及硬金属件，以免造成刮伤，影响美观。至于在清洁上，以亮面或镜面不锈钢为例，应尽量避免使用百洁布刷洗，以免刮伤或刮花金属表面，建议可用棉布蘸水擦拭。当不锈钢表面因使用频繁出现较多刮痕时，可能会失去原有的耐锈特质，亦会破坏美观，建议可请专业不锈钢刮痕修复公司进行修复，还原原有的颜色与质感。有进行表面涂装的金属亦需要维护，镀钛虽然不会生锈，但是应尽可能少与水接触，以干布擦拭仍能保持光亮与美观。喷漆金属较容易因刮伤发生脱落，若是出现这样的情况，可再以补漆方式修复。

使用维护注意事项

1. 若铁件出现生锈状况，在还不严重的情况下，建议要先把生锈部分清除干净，清至原本铁件的状态，而后再依序进行防锈、装饰色漆的涂装。
2. 若腐蚀已出现穿透情况，建议勿再继续使用，以免造成安全上的危害。

摄影：江建勋　金属提供：铁汉金属工艺有限公司

第二章

空间设计常用的金属材质选择与运用

1 结构构件的金属材质选择

作为结构构件的金属材质，除了考虑使用环境（户外、室内）之外，还要先评估整体原地基、原结构对于新增加结构的承载性，找出合适的金属材质与施工方法，以避免产生使用安全上的疑虑。

图片提供：林渊源建筑师事务所

结构构件的金属材质比较

种类	钢结构	H型钢
特色	钢结构，通常也称作钢骨结构，属于建筑工程中的一种结构系统。钢材拥有强度高、韧性佳、自重轻、骨架修长等特点，这些特点使钢结构以耐震闻名	H型钢，其实心坚固，抗弯能力强，翼缘表面相互平行，让连接、加工、安装等施工相对简便
挑选	钢结构的骨料规格可分为钢骨结构与轻型钢架结构，前者属典型钢结构系统，承重能力强，后者则是骨料较细的轻型钢结构	依使用场合做挑选，若设于户外，得承受风雨，可选用耐用的不锈钢材质，室内则看使用上是否需要高强度的耐锈功能或需要在表面做防锈处理
运用	钢结构随着建材发展可搭配的墙体相当多元，如搭配玻璃帷幕、石材帷幕、铝打造的金属墙面等	必须要由结构工程师计算承载力，再依照结构工程师的规划，选用不同材质和规格的H型钢
施工	施工前，钢铁厂会按照设计图进行一连串的细节与数值确认，接着再有计划地将所有钢材尺寸、孔径、中介材料做统一整理，以求组件精准，避免现场组装失误	注意与墙面或地面接合处是否需要补强处理，以免日后发生断裂的情况
计价	材料本身以重量计价（其他项目另计）	材料本身以重量计价（其他项目另计）

钢结构

探索建筑的各种可能性

+

特色
解析

钢结构，通常也称作钢骨结构（SS,Steel Structure），属于建筑工程中的一种结构系统。相较于钢筋混凝土系统（RC,Reinforced Concrete），钢材拥有强度高、韧性佳、自重轻、骨架修长等特点，这使钢结构以耐震闻名。但耐震的优点相对也是它的缺点，钢骨材质由钢铁构成，韧度结构佳，受地震或风力作用时能吸收能量后再释放，因而会产生一定程度的摇晃。故高楼层的使用者感受到摆动幅度较强烈，居家物品也易随之掉落。倘若是居住在钢结构建筑的低楼层，因其无法阻挡来自外部环境的声音、振动，当街道上有大卡车经过时，于地面产生的振动传到结构体，此共振效应将对生活造成干扰，虽可用其他工法改善，但又会增加建造成本。所以一般5层楼以下的集合式住宅、平房或独栋别墅，理论上只需采用钢筋混凝土系统建造即可。钢结构的施工特点为组构式，有助于建筑师在凹凸不平的场地，建出微型建筑，这种结构能适应不同基地条件，即便是在山坡谷地，也可以有绝佳的发挥空间，与需要整地、灌浆等繁复工序的钢筋混凝土系统相比，钢结构建筑更灵活，且能有效地缩短现场施工时间。

事实上没有采用哪种结构系统一定就是最好，以安全性、经济性为前提考虑，视个案的建筑类别、建筑规模、基地条件来定，再从用途、造型与环境一一评估，选择合适的结构系统与工法。千万不要用错结构系统，虽然拥有了耐震保障，反而因为隔振隔音隔热效果不佳而影响日常生活质量。此外，钢结构的骨料规格可分为钢骨结构与轻型钢架结构。前者属典型钢结构系统，承重能力强，如H型钢在建造结构工程中作为梁柱，主要被应用于工业厂房、大跨度结构与抗震要求较高的高楼层建筑；后者是骨料较细的轻型钢架结构，常见于非居住性、临时性的建筑，如小型厂房、仓库、样品屋等。

图片提供：林渊源建筑师事务所

建筑于小山谷之上的钢结构木屋，打破了人们对房子的想象，让它好似从土地里长出来，犹如本来就是森林的一部分。

设计运用	钢结构与墙体的搭配具有多元性,如搭配玻璃、石材以及铝打造金属墙面等。以住宅来说,常见有钢结构水泥墙与钢结构实木墙,水泥墙的部分为预制式,先在工厂做好一块块的水泥板,再到现场组装。钢结构实木墙同样以钢骨梁柱为建筑物的主骨骼,辅以钢架让实木墙板有所依附,内外实木墙之间以复层式工法填塞隔热材、防水层、隔音材料,使墙壁结构不仅耐震,还兼具防雨隔热的特点。

施工方式	1.施工前,钢铁厂会按照设计图进行一连串的细节与数值确认。 2.计划性地将所有钢材尺寸、孔径、中介材料做统一整理,以求组件精准,现场组装零失误。 3.整体施作采用干式施工,即钢结构与其他材料衔接的中介材料为高强度螺丝、铆钉等金属构件,以或锁或挂的方式组装结合。

注意事项	1.虽然钢结构系统的现场施工时间较短,但也意味着前期作业对各组件的精准度要求高,容错率低。一点点的落差,都可能导致现场无法继续作业。 2.和一般钢筋混凝土工程不同,钢结构系统施工技术门槛高,会由专门的施工团队进场负责搭建梁柱,之后的细骨架钢材也是由相关技术团队安装。

图片提供：林渊源建筑师事务所

以水泥地打造地坪，施工方式是在架构完成的梁柱地基上搭一层瓦楞型钢板作为楼板，再浇置混凝土。此做法的好处是提高楼板的刚度，当人们在屋内行走时，不会像走在木地板上一样产生声响和振动。

图片提供：林渊源建筑师事务所

外墙是厚度近20cm的钢结构实木墙体，墙壁结构内封包了钢骨、钢架和相关隔热防水材料。

| 适用方式 | 结构设计。
| 计价方式 | 会依照建筑设计、施工难易度计算费用，另还会收取相关加工费、运送费、安装费等。

H型钢
灵活空间与格局的表现

+

特色 解析	H型钢因断面与英文字母H相同而得名，其实心坚固，抗弯能力强，翼缘表面相互平行，让连接、加工、安装等施工相对简便，且在相同截面负荷下，热轧H型钢结构比传统钢结构重量减轻15%～20%，因此广泛应用于需求承载大、截面稳定性好的工程中。
挑选 方式	钢铁材质的价格受其成分影响，黑铁易锈蚀，价格比较低，不锈钢（白铁）价格比较高，可看使用的场合挑选，如在户外承受风雨，可选用耐用的不锈钢材质，室内则看使用上是否需要高强度的耐锈功能，或需要在表面做防锈处理，再决定使用哪种材质。
设计 运用	当使用H型钢补强房屋结构时，必须要委托结构工程师计算承重力等细节数据，再依照结构工程师的规划选用相应规格的H型钢，切勿自行判断，以免发生危险。

空间经过评估后，利用H型钢再制造出其他楼层，灵活表现格局。

| 施工
方式 | 1.注意与墙面或地面接合处是否需要补强处理，以免日后发生断裂的情况。
2.记住H型钢的螺丝强度与长度，以及焊接点的密合与长度，以便满足日后安全使用所需。 |

| 注意
事项 | 1.作为结构需注意防锈，是否有做防锈处理，是否擦上红丹漆等防锈面漆。
2.与房屋结构有关的施工，务必要找结构工程师设计施工方法，才能确保结构安全。 |

| 适用方式 | 结构构件。
| 计价方式 | 以钢材种类和规格计价。

图片提供：两册空间设计

结构与空间色系一致，同样以白色表现，更显整体的轻盈与利落。

結构
构件 **2** # 结构构件的金属材质运用

通过设计的创意运用，金属材料除了能突破施工环境的限制之外，还能有效地划分出格局，在空间里又再衍生出其他的小空间，让建筑与空间的表现形式更加多元。

图片提供：林渊源建筑师事务所

在山谷间，轻轻放上微型钢结构小屋

运用范围：建筑架构。

金属种类：H型钢。

设计概念：要在崎岖不平的山谷中盖房子，为保有原始地貌，林渊源建筑师事务所建筑师林渊源舍弃铲平整地做法，以轻量化系统钢骨结构兴建T House。组构式施工模式不仅设计弹性大，亦能适应不同基地状况。在低谷凹陷位置利用钢结构骨架将建筑架构起来，跨越沟渠衔接两侧高地，从高处俯瞰是略呈T字形的空间。克服三高一低的内凹谷地考验，仅4个月便盖出与自然共生共存的度假屋。

施工关键

1. 山坡地路窄，钢结构材料运送困难，最好预先安排动线。

2. 于山坳处精准放样是最大挑战，事前须与工厂再三确认图面和各尺寸。

3. 占地面积100平方米的微型建筑，从放样到搭建钢骨梁柱约费时两周。

图片提供：林渊源建筑师事务所

设计手法 02　制圆管铁件、爬梯，打造惬意随性的秘密基地

运用范围：楼板设计。

金属种类：C型钢、铁件烤漆。

设计概念：这个家对屋主来说也是工作空间，为了与日常生活切换，设计师于电视墙一侧规划出一个弧形的小半楼，复层上方成为具安全感的秘密基地，以C型钢搭建而成的平台，加强整体结构性，在阳台部分则预先将定制铁件锁挂于钢筋混凝土结构内，再悬挂摇椅，创造惬意与随性。

图片提供：馥阁设计集团

施工关键

1. 在铁件烤漆爬梯安装时，预先将螺丝锁于C型钢结构内。

2. 在平台底下利用与桌面交错的铁件立柱辅助支撑，再以木皮包覆修饰铁件。

3. 摇椅吊件为定制圆管铁件，将锁件锁在钢筋混凝土结构内，再利用木作天花板以平钉方式修整。

图片提供：馥阁设计集团

设计手法 03 C型钢是创造复层结构的好帮手

运用范围：楼板设计。

金属种类：镀锌C型钢。

设计概念：C型钢的施工方式较木工的便捷且可选固定规格成品，镀锌可减少生锈情况发生，相较木材质成本低，可节省预算，成为夹层设计常见的结构材质。此处选用10cm的C型钢，将两段C型钢锁扣在一起作为结构支撑主体，搭配L型钢与铁片烤漆，施工时要注意间距排列密度，以确保承重性与稳固安全性。

图片提供：两册空间设计

施工关键

1. 选用合适现成规格的C型钢，再搭配木材质一起施工。

2. 用L型钢搭配铁片作为楼板表层。

3. 最后再用烤漆搭配室内色系，让整体更一致。

设计手法 04 　C形轻钢架不封底，楼板低也不显压迫

运用范围：楼板设计。

金属种类：黑铁、黄铜。

设计概念：空间中复层以下降半层的方式自然连接
了上下空间，上方卧房约高180cm，下方开放式
餐厨区则高约195cm。在餐厨区的部分，为了让
视觉延伸，即使楼板较低，也能不显得压迫，所以
餐桌正上方的天花板，采用C形轻钢架结构，并且
不封底，再佐以黑色烤漆，让餐厅的视觉高度增加
20cm左右，另外搭配黄铜材质、竹叶叶片造型的
艺术灯饰，达到艺术品生活化的效果。

图片提供：十颖设计

施工关键

1. 以C形轻钢架作为结构，
   上下再以木作封板，不封
   底板。
2. 结构厚度控制约18cm，
   并连接了包含复层卧房区
   的木地板材。
3. 最后再用黑色烤漆修饰。

设计手法 05　革命性的悬吊系统，坚韧的钢材承载一家的梦想

运用范围：楼板设计。

金属种类：H型钢。

设计概念：设计以树屋作为空间整体的概念，期望实现屋主一家能在自然有机的环境中生活的理想，以悬吊系统建构楼板，再结合木材质减轻结构重量，结合坚韧的H型钢，确保承重力及安全性。钢材做了黑色烤漆的表面处理，表现出轻工业的视觉风格，保留原色的木质调性以及局部裸露的红砖墙，仿佛诉说着对于自然的向往。

图片提供: 合风苍飞设计、张育睿建筑事务所

施工关键

1. 使用的金属为工业用钢，俗称H型钢，若要加强承重力，会建议于天花板安装强力螺栓，并可固定在原有楼板的钢筋上。

2. 为了减轻楼板的重量，一反以混凝土作为材料的做法，改使用木材料并将其卡进H型钢的凹槽中，创造出可行走活动的空间。

3. 为了减轻重量，选用了10cm×10cm的钢材，若是在墙间距较大或者楼层较高的情况下，会建议使用更大的尺寸。

4. 焊接过后的焊道都需要做检验，一般来说不建议使用表面焊，否则出现力度不足的情况。

图片提供：合风苍飞设计、张育睿建筑事务所

3 立面与隔间的金属材质选择

为追求更轻量化的空间，立面与隔间用材的使用也趋轻盈化，立面部分尝试纳入铁件元素，借其坚硬特质在塑造小空间之余，也作为立面表现的一部分。隔间施工也采用钢制轻隔间施工方法，施工所需时间短且劳动强度小，不少设计者会选用。

摄影：Amily

立面与隔间的金属材质比较

种类	耐候钢	黑铁
特色	耐候钢属于合金钢系列，独特的组成元素，使它会随时间发生变化，产生出独特的色泽与粗犷的外表，广泛运用于建筑结构、立面装饰	黑铁属低碳钢，延展性高，可塑性强，常广泛运用在各种金属工艺品中，本身材质特性坚固，亦合适作为空间中立面表现的一种材料
挑选	大部分商业化的耐候钢被规范为ASTM A588、ASTM A242及JIS G3125这3种形式	黑铁制品包含板类与管材，在挑选时除了考虑视觉美感，更须留意结构部分能否安全支撑
运用	除运用在建筑外墙、立面装饰之外，也常被艺术家拿来作为雕塑创作的元素	黑铁可塑性大，市面上有铁板、方管、扁管与圆管等固定规格成品可供挑选使用
施工	为避免焊接点出现腐蚀的情况，建议采取拗折方式制造出沟缝，再搭配螺丝加以固定	如果黑铁方管或扁管要焊接成框，切记焊接时要固定管件的端点或框的四边
计价	材料本身以重量计价（其他项目另计）	材料本身以重量计价（其他项目另计）

耐候钢

与环境结合，凝结出丰富的材质表情

特色 解析	耐候钢属于合金钢系列，是在钢中加入硅、磷、铜、铬、镍等微量元素，使钢材表面形成致密和附着性很强的保护膜，这层膜能阻挡锈蚀往钢材内层扩散与发展，因此不会出现锈蚀等剧烈氧化的现象。耐候钢会随着时间发生变化，产生出独特的色泽与粗犷的外表，除了广泛运用于建筑外墙、立面装饰外，也常被艺术家作为雕塑创作的元素，在景观设计、景观雕塑等上，常见耐候钢的踪影。
挑选 方式	《防蚀工程》期刊的《碳钢和耐候钢4—8年大气暴露腐蚀行为研究》一文指出，大部分商业化的耐候钢被规范为ASTM A588、ASTM A242及JIS G3125三类。其中，ASTM A588、ASTM A242属于低合金高强度钢板，最常见的材料形式是钢卷、裁切过的金属板材，或是结构型钢（如H型钢、I型钢）等，因此常广泛用作各种耐候建筑立面、桥梁辅助构件等。

图片提供：工二建筑设计事务所

这栋住宅坐落于新北市淡水一带，由于红土是附近一带知名的自然景观，设计师便特别选用耐候钢作为建筑立面材料，让设计能与环境对话。

设计 运用	由于耐候钢属于低碳的合金钢，富含很强的形体塑造能力，因此能依据环境、建筑形式等，塑造出丰富的形状，也因为钢材本质相对稳定，造型被定型后能维持较好的整体性。此外，其能够通过弯折、焊接、切割等方式，创造出美丽且多样的语汇，增添建筑、艺术的美观性。
施工 方式	1.为避免焊接点出现腐蚀的情况，在预算允许的情况下，建议采取拗折方式制造出沟缝，再搭配螺丝加以固定，以减少焊接点的腐蚀。 2.由于耐候钢并非不锈钢，倘若耐候钢的凹处形成积水，会提升该处的腐蚀率，因此在设计上必须做好排水与泄水坡度，避免积水腐蚀的问题发生。
注意 事项	1.耐候钢的表面经过氧化会产生一层保护膜，除非遇到破坏，或超出该保护膜能力的锈蚀需要修缮，一般情况下不需要再加以维护。 2.耐候钢对于空气中带有盐分的环境较为敏感，因为盐分会破坏表层保护膜，进而使内部产生进一步的氧化，因此，选用该材料前应先做好环境评估，再使用。

图片提供：工二建筑设计事务所

耐候钢在与空气产生接触后，表面会产生长时间的变化，最明显的就是色泽，会从鲜亮的红褐色逐渐变为暗褐色，可以看到时间在表面所留下的痕迹，相当具有魅力。

| 适用方式 | 结构构件、立面隔间、装饰表现。
| 计价方式 | 金属加工会依照加工形式，如弯折、冲压、激光切割等收取加工费或制图费，还会收取运送、安装等费用。

黑铁
稳重简练的工业风经典代表

+

特色
解析

黑铁属低碳钢，其延展性高，所以易塑型，常被广泛运用在各种金属工艺品中，加上本身材料特性坚固，合适作为结构部件，例如窗框、门框等。另外黝黑的金属色泽深受工业风爱好者喜爱，无论是搭配玻璃，还是木材料，都能巧妙衬托、中和其他材料的风格。因为用途广泛，所以市面上规格种类众多，方管、扁管、圆管与铁板都有各种尺寸，方便设计师从中找出合适的品项。

挑选
方式

黑铁制品包含板类与管材，设计师在挑选时除了考虑视觉美感，更须留意结构部分能否安全支撑，例如要用单片黑铁板做陈列架，普遍厚度须达9mm，假如要再增厚，则铁板本身自重过高，并不有益于整体结构安全。另外管材包含方管、扁管与圆管，假使要做造型变化，例如拗折，前两者弯曲力相较圆管更佳，因此各种黑铁固定规格成品的选用也须同时评估用途与使用区域，避免造成后续安全疑虑。

兴波咖啡2楼座位区选用黑铁扁管制成大面积的格纹玻璃窗，其具有高度耐候、耐撞、耐磨等特性，能有效抵挡风吹日晒，还能凸显精致的金属工艺，呼应品牌手冲咖啡的细腻。

| 设计
运用 | 黑铁可塑性大，市面上有铁板、方管、扁管与圆管等固定规格成品，可供设计师挑选，其中方管与扁管因本身结构强度大，常作为窗框或展示架等，黑铁原色具有个性，搭配其他材质又能巧妙中和配色，对于想追求工业风的业主无非是一种经典材质。 |

| 施工
方式 | 1.假使要在黑铁窗框或门框内放置门扣等五金锁件，必须再三确认预留空间是否充裕，避免定制的铁件制品与市面的锁件规格相互不符合。
2.黑铁方管或扁管假如要焊接成框，切记焊接时要固定管件的端点或框的四边，避免一端加热造成另一端受热而翘动扭曲，使整体变形。
3.为求美观，框架的焊缝焊接后建议再一一刮除焊料，让焊缝更加干净。 |

| 注意
事项 | 1.黑铁表面涂装主要分成液体烤漆、粉体烤漆与氟碳烤漆3种方式，其中液体烤漆是计算机调色，因此颜色选择多元，粉体烤漆颜色选择较单调，但它的耐候性与防刮防撞能力都比液体烤漆好，另外氟碳烤漆的耐候性普遍长达10年以上，不易变色，具良好的耐磨性，因此费用为三者当中最贵的。
2.黑铁表面出现锈斑可重新抛磨后再次进行电镀处理，但建议替换锈穿了的铁件。 |

摄影：Amily

不同材质的相互搭配，一展黑铁的细腻之余，也流露出细节特色。

|适用方式|立面隔间、功能运用、装饰表现。
|计价方式|除了材料费，还会依照加工形式、难易度等收取加工费、运送费、安装费等。

4 立面与隔间的金属材质运用

当金属运用于立面与隔间时，需特别留意其使用的环境。若运用于户外、公共场所时，要加以考量其耐候、耐蚀性；若在室内水气、湿气相对重的地方，要选择合适的金属，在发挥其效益的同时也要兼顾耐用性。

图片提供：工二建筑设计事务所

设计手法 01　随时间积累产生自然的锈化与色泽

运用范围：建筑物外观立面。

金属种类：耐候钢。

设计概念：此住宅位于新北市淡水区山上，红土是附近一带外显的自然景观，为了能让设计呼应环境，设计师选择以耐候钢作为外观立面材质。由于耐候钢属于合金钢，其在室外暴露几年之后，会在表面形成一层比较致密的锈层，它既不会深入内部，还会产生金属自然生锈的斑驳感，设计者希望建筑表面经过氧化后蜕变出另一种样貌与色泽，同时也能与四周环境相呼应。

施工关键

1. 考虑后续加工与搬运关系，以2mm厚的耐候钢为主。
2. 由于耐候钢并非不锈钢，若有积水，该处的腐蚀速率将变快，因此特别留意其排水部分，避免积水引发腐蚀。
3. 为避免焊接点腐蚀问题，以拗折方式制造出沟槽，好让钢板能相互拼接在一起，也会同步使用螺丝加以固定。

图片提供：工二建筑设计事务所

设计手法 02 | 转化材质成就空间与功能

运用范围：室内装修立面。

金属种类：热轧钢板。

设计概念：此空间的功能需求很明确，除作为储藏室之外，还需整合电视墙、展示墙、阁楼与梯间等的功能，设计师尝试以单一种材料回应。一来因金属本质较为坚硬，使用较少、较薄的材料，即可创造出所需空间，且达到一样的结构需求；二来铁件的形式多元，例如铁板、铁管等，通过拗折、焊接、镶锁等处理方式，让空间不只是空间，还能从立面、结构等处再衍生出其他功能，成为更有意义的存在。

施工关键

1. 以1~2mm不等的热轧钢板作为储藏间隔间材料，事先规划好出入口、挂画展架、电视机柜等孔洞，预先在板材上做裁切。
2. 再将热轧钢板裁切与拗折，制作出通往阁楼的楼梯板。
3. 接着再陆续以焊接、螺丝等方式固定，把相关功能串联在一起。

图片提供：工二建筑设计事务所

设计手法 03 生铁自带色泽与纹理变化，展现有机自然调性

运用范围：厕所外墙立面。

金属种类：生铁。

设计概念：采用大体量的生铁作为墙面，构成供顾客使用的厕所。生铁本身具有多变的色泽纹理，故个性十分强烈且鲜明，在以灰阶及木素材为主轴的空间中，立即成为视觉的焦点。一旁的大片落地窗引进充沛的日光，日光洒落在铁件上，造成轻微反光，亦有使大面积生铁的量体轻化的效果，辅以周边的杉木材质以及混凝土，有效地缓和金属材质的冷峻感。

图片提供：合风苍飞设计、张育睿建筑事务所

施工关键

1. 若要以生铁板材作为隔间材，建议厚度至少1.2mm，以免金属板产生软塌的现象。

2. 在出厂后每片生铁的色泽都不太相同，并没有所谓的优劣之分，只能依据现有的板材色泽纹理进行挑选，在选材之前可以先设定好想要的纹理表现。

3. 若想让生铁的纹路更加具有时间感，可以刻意将铁件置于工厂2~3个月，让锈纹达到理想状态，最后涂上透明的防锈漆，便不用担心板材继续锈蚀下去。

4. 金属与其他材质的收边可通过预留空间缝隙来完成，缝隙所产生的阴影能体现出材质接触面的立体差异，成为一种无形的收边效果。

设计手法 04　以铁件烤漆表现简练线条

运用范围：玻璃墙边框。

金属种类：铁件。

设计概念：空间整体以北欧简约风格为基调，室内面积不大，因此色彩、材料与线条的表现都尽可能避免过度复杂，以免导致视觉感过于紊乱。为了让空间的视野能更加具备穿透性，书房采用半开放式设计，以大面玻璃代替实墙隔间，减少了视线的阻断，也使空间氛围更加轻松，玻璃隔间的边框采用金属材质表现，可保持线条的细致度，且同时保有坚固性。

施工关键

1. 边角为半腰墙的弧形玻璃，为了与下方木材质完美结合，需先完成木工的施工，并预留好嵌入玻璃的沟缝，才能防止弧度失去准确度。

2. 采用铁件的优势是能够在厚度轻薄的情况下保持坚硬度，厚度建议采用3～5mm的铁件，既可表现利落的线条，亦可避免软塌。

3. 在焊接铁件时，需注意施工后是否会留下焊点，若有，需进行打磨将其磨平。

图片提供：知域设计

设计手法 05　弧线金属线条设计，使小空间也能有亮点

运用范围：玻璃墙边框。

金属种类：不锈钢。

设计概念：为了在有限的空间内提升空间使用率，设计多功能室是十分聪明且有效的做法，此案设计师利用与餐厅相连的小隔间，将书房以及客房结合在一起，并且一反以实墙区隔空间的做法，以大面半腰墙玻璃达到半开放式的效果，空间凭借视觉作用得以延伸，而有扩展的效果。以不锈钢金属作为边框的材料，再用黑色烤漆做表面处理，此外以弧形线条为空间添加柔和感，不仅极具设计感，也丰富空间的线条表现。

图片提供：知域设计

施工关键

1. 采用3cm×3cm固定规格的方管不锈钢，为避免因潮湿而生锈，以喷漆处理加强表面对于水汽的防护。

2. 方管不锈钢本身不能进行弯折处理，因此若想表现圆弧曲线，只能将切割后的零件一一以焊接的方式组接，考虑其坚硬度与承重力，在焊接时建议采用满焊。

3. 在焊接工程结束后，需特别注意转折处以及衔接处，是否有未经修饰的焊点以及缺口，应于检查过后再进行烤漆工程。

设计手法 06 粗犷黑铁板，构筑微建筑隐秘入口

运用范围：立面入口。

金属种类：铁。

设计概念：T House是一座隐身山林的度假小屋，为营造与自然的相融感，设计师在建筑的入口处规划内凹小空间，黑铁板的颜色纹理，作为装饰应用于两侧墙面与天花板，并打造工业艺术风格的大门，门框用间接照明渲染让来访者从森林小径寻迹而来，能通过外玄关把世俗喧嚣暂放于外，产生心境转换沉淀的效果。

图片提供:林渊源建筑师事务所

图片提供:林渊源建筑师事务所

施工关键

1. 量身定做的大门采用3mm黑铁板，既易于塑型，又不失应有的刚性。
2. 不规则地裁切黑铁板，接着再以铆钉焊接，接合成大门门板。
3. 两块门板中间以骨料架构，两侧再进行封板。
4. 无特殊防锈处理，只在表面涂布一层防护漆，使整体外玄关能随自然展现岁月的痕迹。

设计手法 07 黑铁玻璃窗让空间更显个性

运用范围：玻璃窗框。

金属种类：黑铁。

设计概念：兴波咖啡整体空间将新旧元素融合，设计师尽可能展现材料原有特性，保留简单利落的视觉效果。其中硬是设计设计师吴透以25mm×50mm的黑铁扁管制成大面积的格纹玻璃窗。另外铁管外层以粉体烤漆进行涂装，具有高度耐候、耐撞、耐磨等特性，能有效抵挡风吹日晒，凸显精致的金属工艺，呼应品牌手冲咖啡的细腻。

施工关键

1. 选用50mm×25mm，厚度1mm的黑铁扁管进行焊接，焊接同时应留意固定窗框，避免高温火力造成铁管翘起扭曲。

2. 焊缝要美观，需要经验丰富的师傅慢慢处理焊缝处。

3. 因铁窗会面临风吹日晒，为降低日后的维护成本，故选用耐候性佳的粉体烤漆进行表面涂装。

4. 在铁框间的缝隙处再补上防水橡胶条及铁板，阻挡雨水从缝隙流进室内。

摄影：Amily

设计手法 08 红色烤漆门片让公厕更具质感

运用范围：厕所门片。

金属种类：不锈钢。

设计概念：在重新修复公厕时，设计师期望将建筑原有的语汇，如色泽、纹理、材料等植入，让再造更具时代意义。设计师以不锈钢作为门片材料，弯折出直竖线条，让整体更为简洁利落。以外墙的红砖色为主色，在与历史建筑相呼应的同时，也体现出公厕的设计感。特别的是，考虑公厕须频繁清洁，会搭配一些清洁剂做清洁，设计师以氟碳给门片烤漆，因氟碳烤漆耐候性强，表面硬度较高，不容易受水汽与洗剂影响，也利于后续的清洁维护。

施工关键

1. 预先将不锈钢门片裁切好，也预先设定裁切好相关五金锁孔。
2. 在不锈钢表面同步进行除油、除锈，再进行人工氟碳烤漆作业。
3. 待表面漆料完全干燥后，再将门片锁上。

图片提供：工二建筑设计事务所

设计手法 09 　结合不同做法体现黑铁的细腻度

运用范围：立面设计。

金属种类：黑铁。

设计概念：一日餐桌SIMPLE TABLE是隶属于伊日美学生活集团的品牌，设计者延续该集团长期投入艺术的精神，将此空间设定为一间富含艺术个性的面包店，以质感强烈、色泽深邃的金属材质来表述空间。设计者为了带出黑铁材质的趣味性与细腻度，不只在铁件中嵌入玻璃，同时也一改过去常见的电焊方式，以氩弧焊来做焊接处理，除施工上较稳定外，本身的焊点也小，不易影响美观性。

施工关键

1. 由于门片还承担门窗、伞架等功能，所以需要事先预留好位置，也要做好嵌入玻璃的开孔与沟缝。

2. 在铁件的衔接组合上，使用制作精致度较高的氩弧焊来焊接。

3. 将玻璃嵌入铁件中，两者间隙以硅胶黏着，在固定的同时也形成一种缓冲。

图片提供：工一建筑设计事务所

图片提供：工二建筑设计事务所

设计手法 10　钢材镀锌价格亲民，可塑性强

运用范围：拉门门框。

金属种类：镀锌钢材。

设计概念：屋主希望此空间能作为两用的小孩游戏房与客房，拉门成为游戏房与客厅的活动隔断，并能引进室外光源。两册空间设计设计总监翁梓富在拉门的材质上选用镀锌钢材，这样做可承受大片玻璃的重量，镀锌钢材不会生锈，可用机器弯折塑型，若有焊接则需注意焊接点的防锈问题，此做法可节省预算。

图片提供：两册空间设计

施工关键

1. 镀锌钢材可利用机器折出需要的形状大小。
2. 建议选择现成尺寸的钢材，以降低成本。
3. 若未另行烤漆，焊接点需注意防锈。

图片提供：两册空间设计

图片提供：两册空间设计

设计手法 11　黑铁玻璃隔断穿透美丽山景

运用范围：玻璃隔间门框。

金属种类：黑铁。

设计概念：屋主希望室内能保持通透感，在屋内的每个角落都能一览窗外的美丽山景，怀特室内设计设计总监林志隆在卧室的隔断上选用了黑铁加玻璃的搭配，让山景不受遮挡尽收眼底，黑铁呈现出窗景的简洁线条，打造一室黑色基调个性，还能节省预算。

施工关键

1. 装设玻璃的沟槽需装设单面挡板，好固定玻璃。
2. 注意硅胶的收边要平整才会美观。

图片提供：怀特室内设计

图片提供：怀特室内设计

设计手法 12　以铁塑型，半穿透圆弧隔间

运用范围：卧房与梳妆区隔间。

金属种类：铁件。

设计概念：主卧房与梳妆区之间以半穿透隔断区隔开，梳妆间被赋予隔断功能。设计师整合梳妆台与镜面设计，中间特意通过镂空圆形造型让两空间维持通透视野，同时也借由圆形开口融入东方园林元素，搭配木质基调营造温暖静谧的新东方韵味。

图片提供：馥阁设计集团

施工关键

1. 先以铁件塑出圆形框架，框架之间预埋灯管。
2. 圆弧框架与木作梳妆台以预埋锁件接合，确保结构稳定性。

运用范围：立面隔间。

金属种类：烤漆铁件。

设计概念：考虑屋主有虔诚的宗教信仰，设计师特别于书房区域融入喜好，将宗教相关花纹重新设计转化，巧妙形成门片造型的一部分，当光影漫射其中时，可以倒映出别致的光影效果，而这样的光影氛围彰显出神秘感。

图片提供：馥阁设计集团

施工关键

1. 由于图形线条烦琐，必须考虑数控加工后的线条是否容易断裂。

2. 铁件拉门搭配悬吊式五金，让地面保持平整，简洁利落。

设计手法 14 旋转开合一室春光

运用范围：玻璃门边框。

金属种类：黑铁。

设计概念：黑铁有容易造型、装饰性强、变化多且价格平易近人等优点，成为室内设计中常用的材料。黑铁加上玻璃穿透性高，成为常见的隔断组合。设计者运用了旋转门概念，把喷漆黑铁与半透明的大片玻璃组合变成隔断门，每一扇门的开合成就一种风景。

施工关键

1. 旋转门与木头地板及泥作天花板这些不同材料的接合需注意。
2. 上方与下方的激光基线要仔细测量，以免之后使用出现卡住的情况。
3. 建议铰链等五金要选用较好的材料，比较耐用。

图片提供：怀特室内设计

设计手法 15　开放式构架设计让隔间墙变轻盈

运用范围：构架与床头板设计。

金属种类：黑铁。

设计概念：设计师将主卧规划成完全通透的空间，破除常见的隔间实墙，产生自由的平面移动。运用黑铁材料打造开放式的构架设计，结合床头板，让全区视线因此而穿透，屋主上、下床的动线也得以有多种选择，另外延伸功能性，整合床头灯、开关插座以及线路，打造出整体利落的空间意象。

施工关键

1. 用1mm黑铁材料折出约1cm的厚度，构架出弧形造型，达到量体的轻量化。

2. 折后的结构内部会产生孔洞，利用孔洞整合开关插座所需的线路。

3. 构架柱体的固定板是先埋在钢筋混凝土的楼板中，再额外补填，所以就像只有薄片弧形的柱体顶着，但实际已经埋到楼板深2～3cm的地方，固定完后再用水泥抹平。

图片提供：十颖设计

图片提供：十颖设计

设计手法 16 烤漆铁管营造现代风

运用范围：立面线条设计。

金属种类：烤漆铁管。

设计概念：为符合现代感的整体设计风格，构设计的设计师杨子莹选用现成尺寸的铁管来做外露结构，不占据空间且能承重，亦可为客户节省费用，并与楼梯扶手达成一致风格。楼板则是选用C型钢做主要结构支撑，相较木工制作，C型钢具有耐重、施工方便与节省成本的优点。

施工关键

1. 铁件方管在现场焊接并进行烤漆。
2. 与地坪固定处必须先预留铁件焊接点，以固定铁件。
3. 需要注意螺丝孔洞的收边处理。

图片提供：构设计

设计手法 17　搭配细致铁件的大窗，引入更多美景

运用范围：玻璃墙边框。

金属种类：生铁。

设计概念：这是一间由酒厂改建的餐厅，设计上保留原始的水泥建筑质感，融入工业风格，拆除老旧大窗，重新设置黑铁落地窗，通过偌大的窗景巧妙引进自然绿意，使室内与户外的界线消融，无形扩大餐厅空间。具有延展性的铁件采用更细致轻盈的线条，比起一般显得粗厚的铝窗，仅有2.5cm宽的窗框能引入更大面积的窗景，冷硬的黑色铁件也正巧能与工业风空间相呼应。

施工关键

1. 采用2.5cm宽的定制铁件做好窗框，嵌入水泥墙。
2. 在铁件窗框与水泥墙之间打上螺丝，再点焊固定。
3. 在窗框表面涂上透明保护漆，做防锈处理。

图片提供：谧空间

设计手法 18 | 用绿植网架围出一隅花园

运用范围：植物网架。

金属种类：生铁。

设计概念：由于座位区后方恰好正对卫生间，设计师运用铁件网架作为隔断，巧妙划分领域，避开尴尬视线，同时通透的铁网搭配绿意盆栽，保有若隐若现的视觉氛围，使空间不显狭隘。再搭配色彩艳丽的花卉壁纸、橘色绒布沙发，宛若奢华舒适的花园，成为令人惊艳的打卡焦点。

图片提供：谧空间

施工关键

1. 在木作矮墙上打入螺丝，固定铁件框架。
2. 采用10cm×10cm的铁网，点焊固定在框架上。

设计手法 19 鲜黄铁件贯穿稳固长桌结构

运用范围：立面线条设计。

金属种类：铁件。

设计概念：设计师在4.6m高的空间设置夹层扩增
卧空间，再加上屋主有办公需求，因此顺应夹
层设置长形木桌。木桌既能当作办公桌，也能作为
隔栏使用，兼具安全防护功能。而为了有效固定木
桌，利用圆管铁件作为结构支撑。铁件刻意采用黄
色烤漆，明亮鲜艳的立面线条在净白空间中画龙点
睛，成为最亮眼的视觉焦点。

施工关键

1. 铁管先进行烤漆，再送至
   现场组装，套入木桌。
2. 先于天花板与地面上埋入
   小孔径的圆管，再利用套
   管方式将黄色铁管套入小
   圆管固定，即能呈现宛如
   嵌入天地的密合设计。

图片提供：虫点子创意设计

图片提供：虫点子创意设计

5 功能性金属材质的选择

作为功能运用的金属材质，面对经常性的使用需求，不仅要具耐用性，还需要兼顾抗腐蚀性，像不锈钢就是一种好选择，再者运用于功能上，金属材质本身的可塑性也要很强，生铁就是一例，可创造出兼具美观与功能的设计。

图片提供：金风苍飞设计、张育睿建筑事务所

功能性金属材质的比较

种类	不锈钢	生铁
特色	不锈钢凭借耐用、抗腐蚀特性被更广泛地运用，加上质量轻盈又坚固，因此当用来承载重物时，不需太厚，即可有效支撑	生铁质硬而脆，却不失可塑性，按其用途可分为炼钢生铁和铸造生铁两大类，运用层面非常广
挑选	在挑选不锈钢金属材料时，除了考虑比例美观，还必须考虑使用的安全性	生铁又分为灰口生铁与白口生铁，前者含碳量较高，后者含碳量与含硅量均较低
运用	易于保养、清洗的不锈钢，从柜体到装饰，只要设计想呈现轻盈、利落感，就是很好的选择	它具有优良的铸造、切削加工和耐磨性能，因有一定的弹性，十分合适作为零件与设计铸件使用，如铁管、造型片等
施工	当不锈钢板材进行激光切割时，须留意放样点是否正确，确保完工后图形的完整性	与一般铁件的施工方式差不多，铁件之间主要以焊接方式衔接，在紧贴壁面或地板时则会以五金螺丝锁住固定
计价	材料本身以重量计价（其他项目另计）	材料本身以重量计价（其他项目另计）

不锈钢
轻盈质感，百搭各种涂装手法

➕

特色 解析	不锈钢具有高度抗蚀性、不易氧化的优势，这种材料是在钢的表层添加铬元素（Cr），使其外层形成透明的氧化铬，达到抑制氧化的效果，因此相较其他金属，不锈钢的耐用、抗腐蚀特性能让其更广泛地运用。此外，它的质量轻盈又坚固，当用来承载重物时，不须太厚，即可有效支撑。
挑选 方式	就外观分类，可分为板材及管材两大类。前者包含热轧钢板及冷轧钢板；后者包含钢管、型钢、直棒、钢线、磨光棒等。在挑选金属时，设计师除了在乎比例美观，还须考虑使用安全性，例如作为称重材料，则建议厚度至少要达5mm，并做边缘导角，以防人碰撞受伤。
设计 运用	不锈钢显而易见的优点就是易于保养、清洗，因此多用在有水的区域，从柜体到装饰，只要设计师想呈现轻盈、利落感，不锈钢板是很好的选择。另外，市面上有很多种类的不锈钢，因此设计师的选择多受预算影响，假使采用成本较低的种类，相对造型变化会受限，但如果以美观为优先，建议设计师可以选用易弯折的种类，这样能做出更多变化。常见的表现处理方式有亮面、乱纹面与毛丝面3种方式。

源原设计以不锈钢板作为旋转楼梯基底，借助不锈钢板可塑性高的特质展现大幅度的曲线。

图片提供：源原设计

源原设计设计总监谢和希采用2cm×2cm的不锈钢方管扣合于石墙两侧，在方管表面镀上香槟金色，让石材与金属形成些许视觉反差。

<table>
<tr>
<td>施工
方式</td>
<td>1.当激光切割不锈钢板材时，须留意放样点是否正确，确保完工后的图形完整。
2.当不锈钢与其他材料进行水平衔接时，建议先定位不易调整的配置物（例如水槽等大型对象），确保当后续无法顺利衔接或位置跑掉时，还可现场切割调整。
3.当采用不锈钢包覆木材时，除了使用黏着剂，建议额外选择暗槽、卡扣、锁钉等方式，提高两者的紧密性。</td>
</tr>
<tr>
<td>注意
事项</td>
<td>不锈钢鲜少再做后续保养，这是它的优点之一。</td>
</tr>
</table>

| 适用方式 | 功能性运用、装饰表现。
| 计价方式 | 除了材料费，另还会依照加工形式、难易度等收取加工费、运送费、安装费等费用。

生铁
色泽纹理多变，个性鲜明的金属材

特色
解析

所谓生铁是含碳量在2%以上，其中掺杂着少许硫、磷、锰、硅等非铁金属元素的铁碳合金。生铁受这些元素的影响质硬而脆，却不失其可塑性，按其用途可分为炼钢生铁和铸造生铁两大类，由于本身坚硬、耐磨、铸造性好，同时可塑性也很强，因此也合适做锻压处理，可运用的层面非常广。生铁出厂时，便已带有独特的色泽纹理，即使不做表面处理，也能成为空间亮点。

挑选
方式

生铁又分为灰口生铁与白口生铁。灰口生铁又称铸造生铁，含碳量较高，达到2.7%～4.0%，碳主要以石墨状态存在，断口呈灰色，凝固时收缩量小，硬度高，抗压强度高，是目前广泛应用的铸铁。白口生铁又称炼钢生铁，含碳量与含硅量均较低，碳主要以渗碳体状态存在，断口呈白色，凝固时收缩量大，脆性大。生铁在出厂后，每一片的色泽都不太一样，并没有所谓的优劣之分，只能按照现有的板材色泽纹理进行挑选，在选材之前可以先设定好想要的纹理表现。

它具有优良的铸造、切削加工和耐磨性能，有一定的弹性，十分合适作为零件与设计铸件使用，如铁管、造型片等。此外，越来越多设计师喜爱以生铁本色呈现，采用生铁让空间含有自然生机与原始感。如果想让生铁的纹路与色泽更加具有时间感，也可以刻意将铁件置于工厂2~3个月，当锈纹达到一个理想的状态时，再将铁锈适度抹除，并涂上透明的防锈漆，便能保有仿旧感，也不用担心其继续锈蚀下去。

图片提供：合风苍飞设计、张育睿建筑事务所

贯穿室内的旋梯，同样以生铁作为材料，其可塑性强，利于弯折与切割，表面以灰色烤漆处理，呼应空间整体的水泥色调。

图片提供：合风苍飞设计、张育睿建筑事务所

图片提供：合风苍飞设计、张育睿建筑事务所

灰色的旋梯、混凝土墙、灰调砖墙虽各为不同的材料，却以灰阶的色调相互整合与搭配，让材料本身的质地丰富视觉感受。

施工 方式	1.与一般铁件施工方式差不多，将需要的生铁裁切好、塑型好后，铁片与铁件之间主要用焊接方式衔接，在紧贴壁面或地板时则还会再以五金螺丝锁住做固定。 2.铁件在切割完后，切记要进行导角处理，避免剖面过于锋利。 3.值得注意的是，可以预先规划好焊接处，将焊点配置在较不易看见的地方，能让呈现出来的金属设计更美观。 4.若铁件用作结构材，焊接的方式必须以满焊完成，如此才能确保其有足够的承重力。
注意 事项	1.铁遇水、遇湿气本就容易生锈，不建议设置在湿气较重的环境中，以免受潮生锈。 2.铁件的烤漆最好在工厂完成，如果要在现场施工的话，就要打造一个无尘的空间，不然烤漆就很容易失败。

┃**适用方式**┃功能性运用、立面装饰。
┃**计价方式**┃除了材料费，还会依照加工形式、难易度等收取加工费、运送费、安装费等费用。

6 功能性金属材质的运用

在功能运用上，材料不止根据功能走。无论是作为楼梯、层板、柜体、门框，甚至是台面等，都要依据功能来选择合适的材料，除了美观，还要依据人体工程学配置出最合适的尺寸、角度，人们使用时才会合宜顺手。

图片提供：虫点子创意设计

设计手法 01　大红之间的一抹冷冽味道

运用范围：水槽、台面。

金属种类：不锈钢。

设计概念：相较于其他金属材质，不锈钢本身不易受水分影响产生腐蚀情况，再者也很好清洁与维护，很合适作为水槽与台面的材质。因此设计者在新竹州厅项目里以304不锈钢为主，取古迹元素，以拗折、弯折等方式，整合水槽、梳妆台面、不锈钢水龙头等。设计者刻意选择发丝纹样式铁件，且其表面不再刻意做其他处理，为的就是要让光线、墙面色泽能映衬到金属材质上，借助质地的相互交织，再产生出不同的细节与味道。

施工关键

1. 将304不锈钢板材以拗折、弯折方式，形塑出洗手槽、泄水坡、排水孔等。
2. 预先规划好水龙头的位置，再依据该位置裁切出孔洞，以利后续安装。
3. 最终分别将水龙头与水槽以螺丝锁上加以固定。

图片提供：工二建筑设计事务所

设计手法 02　铁件工艺让空间更显极简大气

运用范围：展示架、悬挂楼梯。

金属种类：铁件。

设计概念：旧振南为台湾知名汉饼品牌，因此业主对实体店铺的想法是维持其简约大气的品牌风格，于是设计师用金属工艺，制作出两个不同风格的铁件作品，包含陈列商品的黑铁展示架，以及纯白的金属悬挂楼梯。前者运用19mm×19mm的黑铁方管结合黑玻璃，让细腻的框架与浓墨的配色巧妙地凸显金红喜气的品牌色；后者则将厚度约9mm的实心铁片拼插，通过材质的坚固性维持整体结构稳定。

图片提供：硬是设计

施工关键

1. 黑铁展示架以满焊焊接而成，可确保整体稳固性。
2. 采用粉体烤漆，其耐磨、耐刮特性，让用户使用上无须担心表层漆面脱落。
3. 在金属楼梯的铁板与木头踏面之间，设计师特别铺设一层橡胶垫，作为踩踏时的一种缓冲。

图片提供：硬是设计

设计手法 03 让材料更贴近预算与使用需求

运用范围：展示架、柜体。

金属种类：镀锌铁板。

设计概念：作为餐饮空间的GOOD NEIGHBORS'
（好邻居），在环境一隅规划了展示区域，设计者
以镀锌铁板结合木材质构建出层架、柜体，来展销
店内所贩卖的商品。铁件表面另做了其他处理，先
将镀锌铁板送去工厂做白色的粉体烤漆，之后再移
至现场请铁工师傅进行安装。铁板经过镀锌后，能
避免生锈，就算此处必须经清洁擦拭，也不会对材
质本身产生很强烈的影响，是一种合乎预算且能满
足使用要求的材料与表面处理方式。

图片提供：工二建筑设计事务所

施工关键

1. 分别用2～3mm不同厚度
   的镀锌铁板弯折出层架、
   柜体的层板结构；同时也
   预先裁切好用于固定墙上
   层架的孔洞。

2. 再将镀锌铁板送至工厂进
   行粉体烤漆，而后才移至
   现场安装。

3. 最后再将木层板安装上
   去，活动形式利于日后可
   依销售物品的大小进行展
   示架的调整。

图片提供：工二建筑设计事务所

设计手法 04　扩张网展示架秀出生活品位，打造运动街头风

运用范围：展示架。

金属种类：金属扩张网。

设计概念：热爱各种运动的屋主，尤其热衷篮球，喜欢收藏特殊鞋款与球卡，期盼居家空间能融入这些收藏。设计师利用玄关入口左侧的墙面，先以水泥粉光墙面，再用油漆涂料画出篮球线，表现街头运动风效果，然后从符合空间调性语汇的材料中去做筛选，最终选择以金属扩张网为展示架，不锈钢本色既可与灰色基调空间融合，也与背后水泥粉光墙形成进出面的层次关系，同时还可凸显出鞋款的独特性。

施工关键

1. 在墙面水泥粉光时须先固定L形铁件，再将金属扩张网焊接于铁件上。
2. 于工程后期再焊接金属扩张网，避免施工当中的碰撞破坏表面。
3. 定制铁片直接扣于扩张网上，铁片尺寸小于鞋码，让鞋子看似轻盈地腾空在展示架上。

图片提供：湜湜空间设计

图片提供：湜湜空间设计

设计手法 05　简洁承重板让展示架更有弹性

运用范围：展示架。

金属种类：黑铁。

设计概念：为维持树皮背景墙主题的完整性，设计师选用黑铁板确保承重性，再以粉体烤漆进行表面涂装。此处展示架位于动线上，因此选用厚度9mm的板材，一来能维持承重力，再者在视觉上不会显得太锐利，让人觉得有危险性，铁件边缘做导角处理，防止消费者碰触造成割伤。

施工关键

1. 以厚度9mm的铁板进行凹折，形成1个L形，其中短边与长边比例至少为1：3，这样当短边固定于墙面时会更加稳固。另外，铁板的厚度不是越厚越好，还要考虑自重。

2. 较多长边容易因自重而下垂，短边跟墙面的固定方法除了使用锁件锁定，还可在交界面涂上黏着剂，让结构的稳定性更佳。

3. 边缘要进行导角抛磨，避免造成危险伤害。

摄影：Amily

设计手法 06 | 轻薄铝板柜体结合弹性卡扣设计

运用范围：展示柜。

金属种类：铝。

设计概念：陈列与收纳的规划时常占据不少空间面积，对此，设计师运用卡扣概念思考吊柜设计，将厚度3mm的铝板柜体统一做成宽度一致，但高度、深度不一的5种单元柜体，让屋主无论是摆设中大型艺品、杂志或小型书刊都不浪费空间，此种卡扣设计的优点在于方便取下，又不伤害墙面。

施工关键

1. 选用厚度3mm的实心铝板，铝相较其他金属材质更轻薄，承载力却不低，建议设计师在选用金属作为吊柜建材时，要考量材质的自重，避免额外增加结构压力。

2. 在处理墙面与吊柜一凸一凹的卡扣细节时，施工人员要精准掌握每个孔洞的激光切割位置，因为一旦切割位置失误就无法顺利挂上。

3. 采用氟碳烤漆进行涂装，其耐磨、耐刮特性让屋主无须担心表层白漆脱落。

图片提供：硬是设计

图片提供：硬是设计

设计手法 07 断面表现，看见不锈钢的另类美感

运用范围：台面设计。

金属种类：不锈钢。

设计概念：考虑到GOOD NEIGHBORS'（好邻居）为餐饮空间，在台面材料的挑选上，设计师选择以304不锈钢为主。过去台面的呈现多会以不到1mm的不锈钢薄板进行包覆，这回采用整块砧板，设计者特别将4.5mm厚的不锈钢板直接贴于台面上，不仅能直接在上面做面包、料理，而且通过断面的表现也能看见材质的另类美感。

图片提供：工二建筑设计事务所

施工关键

1. 依据吧台、中岛等台面大小，将4.5mm厚的不锈钢板裁出所需的尺寸。

2. 要将不锈钢板黏附在其他材料上，须注意底部的平整度，接着再以硬化胶、硅胶进行黏合。

3. 要表现其断面设计，在粘贴时除了要对齐外，也要留意别让胶渗出来，以免影响美观性。

图片提供：工二建筑设计事务所

设计手法 08 善用激光切割，让单纯板材更显个性

运用范围：台面设计。

金属种类：不锈钢。

设计概念：设计师特意在烘豆坊空间中央设置三角吧台，利用吧台的三边斜面一次完成点餐、手冲、出杯等程序，让咖啡师只站在固定位置便可掌握整体作业流程。三边台面分别采用不同材质满足业主所需，其中咖啡师手冲区为不锈钢台面，此种金属易于保养、清洁的特性，能有效减少手冲时的麻烦，加上不锈钢易于激光切割做出各种造型，能同时呈现出美感。

图片提供：新澄设计

图片提供：新澄设计

施工关键

1. 不锈钢材质用于滤水网台面与水槽，为了确保使用时的安全强度，前者选用厚度3mm的板材，后者则选用厚度5mm的板材。

2. 为了让滤水网台面的视觉效果更突出，设计师将其进行凹折塑型，呈现出更有分量的立体感。

3. 滤水网台面的三角孔洞并非一般冲孔，孔洞特别采用激光切割，这样做可让三角形的斜率、位置更富有变化。要注意的是，相较一般冲孔，激光切割更在乎图形的独特性，因此单价是依照图案的复杂度、疏密度计算的，建议设计师要事先询价。

设计手法 09 | 玫瑰金镀钛让视觉柔中带刚

运用范围：吊衣杆、把手。

金属种类：不锈钢。

设计概念：屋主喜欢玫瑰金，于是源原设计的设计总监谢和希在整体深灰木材质色调中加入些许金属元素，例如吊衣杆与抽屉把手以不锈钢为底材，随后在表层镀上玫瑰金。另外不只要留意配色，金属材质的尺寸规格也是关键，设计师须观看金属细节的比例与整体空间是否平衡，才能通过金属材质为空间增添亮点与细节。

图片提供：源原设计

施工关键

1. 吊衣杆采用1.3mm×1.3mm的不锈钢方管满焊成型，轻盈的质感更利于施工固定。

2. 焊接完成后再进行表层镀钛，镀钛是最后一道涂装作业，假使所有金属制品要做造型焊接，皆须在此流程前完成。

3. 用不锈钢板凹折出抽屉把手的厚度，一来增添视觉分量；再者刻意做出两种把手尺寸，左侧厚度为2cm，右侧为1cm，让画面更显活泼。

设计手法 10 | 拉大开口，重新置入符合人体工程学的金属梯

运用范围：楼梯设计。

金属种类：铁制龙骨梯。

设计概念：在两层楼的老屋中，之前的楼梯为木构材质，除了踩踏起来不够稳固之外，过于陡峭的直梯角度与狭窄的楼板开口，也令人感到压迫。将楼梯拆除后，稍微拉大楼板的开口尺度，重新规划钢铁材质的龙骨梯结构，不论是角度设计、踏阶高度都更符合人体工程学，满足舒适性的需求。

施工关键

1. 先定制龙骨梯结构，再于现场装设。
2. 确认衔接点之间是否满焊，避免结构处裂开。
3. 龙骨本身与楼板，以及楼板间的接合点要确实锁合固定，避免产生晃动与松脱的情形。

图片提供：湜湜空间设计

图片提供：湜湜空间设计

设计手法 11　大面积不锈钢板营造磅礴气势

运用范围：楼梯设计。

金属种类：不锈钢。

设计概念：为将瀑布概念具象化，设计师以不锈钢板作为旋转楼梯基底，不锈钢可塑性高的特质能呈现大幅度的曲线造型，加上采用手工抛磨，让表层布满拉丝纹理，经光线照射后出现水面反光的效果。另外台阶部分则采用大干木木材，其木纹颜色反差大，独特又狂野，一阶阶排列起来仿佛涓涓水流由高往低处汇流，同时巧妙串联上下楼层关系。

施工关键

1. 将两层楼高的不锈钢板进行拉丝处理，通过方向一致的纹理临摹大片流水形态，且在光线的照射下让表面光泽感更明显。

2. 当要与其他材料结合时，可用不锈钢作为表板包覆其他材质之间的结构，例如五金锁扣等，让整体外观更干净。

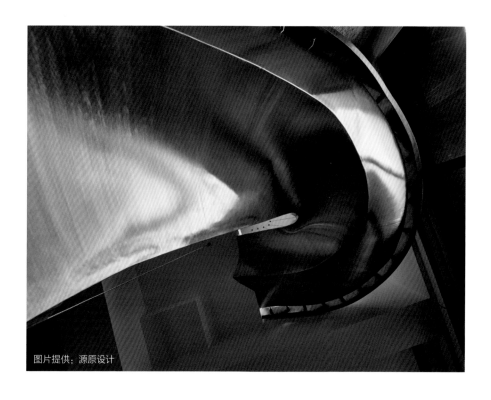

图片提供：源原设计

图片提供：源原设计

设计手法 12 轻巧铁件为空间加味

运用范围：楼梯扶手。

金属种类：铁件烤漆。

设计概念：此空间为挑高设计，为了让上下层有延伸与接续感，设计师利用铁件的轻巧性，打开空间穿透性，并兼具安全防护功能。铁件线条呼应底下柜子的分割线，兼顾收纳实用性与装饰性，并做出楼梯整体感，延伸至2楼扶手的线条让空间有一致性，不致视觉混乱。

图片提供：构设计

施工关键

1. 利用3cm×1cm的铁件方管现场焊接施工。
2. 在地坪固定处须先预留铁件焊接点，以固定铁件扶手。
3. 在现场涂油漆。

设计手法 13 　局部打磨，创造以铜为镜的巧思

运用范围：镜面设计。

金属种类：红铜。

设计概念：位于北京的水相事务所是一间水疗会馆
（SPA），设计者希望接受中医诊疗或水疗会馆养
护的人们在科技医理环绕的空间中感受到使人感官
放松的温柔，这温柔来自时空抽离的缓慢感，来自
精致感，来自对艺术的回味无穷，因而"凝结的时
光展"作为设计思维起点。洗手台的设计灵感来源
于古人的铜镜，将局部打磨成光洁镜面，可让人在
无意间瞥见倒影，成为驻足玩味的装置艺术，并将
墙面视为一个整体，皆使用铜为材料，左侧则以冲
孔板打造，目的是希望当光源投射时能模拟出自然
的光影效果。

图片提供：水相设计

施工关键

1. 以棉布蘸取铜油，在铜镜
   上不断擦拭出亮面作为镜
   面，由于铜的本质是很容
   易氧化的，因此在后续保
   养上仍需定期以铜油维
   护。

2. 台面转折至隔屏的上下，
   以预埋铁件的方式锁在木
   作上，交界处则是以脱缝
   方式收边。

3. 红铜台面与下方亚克力展
   示柜以脱缝收边的方式处
   理。

设计手法 14 铁扁管塑造空间线条感

运用范围：楼梯设计。

金属种类：铁管扁管。

设计概念：此案例中的楼梯具有上下通行与装饰两种功能，两册空间设计设计总监翁梓富选用铁管扁管加上烤漆，作为此处的设计亮点。铁管扁管制楼梯承重能达200kg，搭载成人体重安全无虞，且可塑性高，相较木制楼梯，除更为轻巧之外，也可避免楼梯发生断裂。

图片提供：两册空间设计

施工关键

1. 现场焊接时，要注意焊接点的收尾隐藏。

2. 为了不破坏美观，最后进行现场烤漆。

设计手法 15 钢板有厚薄，线条大不同

运用范围：展示架。

金属种类：钢板。

设计概念：屋主收藏品皆为化石这类较重的物品，两册空间设计团队考虑重量的耐受程度，选用0.6cm的钢板作为搭载主体。钢板除了可承重外，不同厚度也会呈现出不同的线条效果，在一些现代风格的设计中选用钢板作为书架材质，就是利用这个特性来塑造线条之美。

图片提供：两册空间设计

施工关键

1. 用激光切割将钢板切割出所需要的大小。
2. 可视需耐重的程度，选用胶水或焊接接合。
3. 最后在现场烤漆。

设计手法 16　收纳电视背景墙，还一室清爽

运用范围：电视立墙。

金属种类：黑铁。

设计概念：此处除了常见能满足观看电视时转换方向的需求，必要时还可将电视背景墙藏入墙内，还给客厅与餐厅一个完整空间。设计师选用黑铁加上白色喷漆搭配室内色系，电视背景墙因为在室内，不需要用到不锈钢这种防锈材料，而且黑铁价格较低，可替客户节省成本。

施工关键

1. 利用机器将黑铁塑型并弯折。

2. 注意圆管与扁管的组合线条，此外，焊接与螺丝的收边需注意平整。

图片提供：怀特室内设计

图片提供：怀特室内设计

图片提供：怀特室内设计

设计手法 17 不锈钢镜架，框住一轮明月

运用范围：镜面设计。

金属种类：不锈钢。

设计概念：屋主夫妻同时间出门上班，有双洗手台的使用需求，通常这样配置会在墙面贴上两面镜子，但此处墙面已经选用屋主喜欢的花砖，怀特室内设计团队将镜面悬挂在天花板上来保持墙面的完整性，夫妻同时照镜子时宛如对望，充满趣味，镜架线条也为空间增添了活泼的气氛。

施工关键

1. 此镜面为悬挂式要注意镜面加上镜架的重量。

2. 需注意此处的天花板结构是否能够承重。

3. 天花板如为钢筋混凝土，可用木作将此处悬挂基座收纳。

图片提供：怀特室内设计

图片提供：怀特室内设计

设计手法 18　以黑铁的刚硬映衬面包的柔软

运用范围：陈列架、展示柜。
金属种类：黑铁。
设计概念：一日餐桌民生店从内到外皆以黑铁作为主要材质，采用色泽深邃且质感强烈的材料，带出面包店的另一种感受。设计者除了依照面包取用的高度、摆放的层数、展示的面向构思柜体之外，也大胆地加入书架形式的概念，来展售面包和手作食物等。黑铁构成的柜体里，除了有常见的分类、满盘陈列外，另也结合一点图书的摆放方式，搭配着艺术作品展示，增加选用面包的趣味之余，也让简单的店面里，蕴含了当代艺术与书卷气息。

施工关键

1. 首先利用弯折方式，制作出展示柜中所需的层板、抽屉等。
2. 接着也预先规划好层架、五金把手以及轮子等位置，做好占位符、孔洞裁切等作业。
3. 后续则是以氩弧焊、螺丝固定等方式，将各式金属材料组合在一块。

图片提供：工二建筑设计事务所

设计手法 19 　黑铁柜烘托周边软装的轻盈氛围

运用范围：陈列架、书柜。

金属种类：黑铁、不锈钢。

设计概念：本案屋主希望有座陈列结合藏书的功能柜，但又不想置入大型家具让空间显得过于拥挤，于是设计师采用5mm厚的黑铁板焊接成轻薄的展示架，并不额外加上背板，保有双向的视觉通透性。其中黑铁板采用雾面涂装，凭借柔和的质感增添设计细节。

施工关键

1. 采用5mm厚的黑铁板满焊而成，并细心刮除焊缝处的多余焊料。

2. 黑铁板边缘进行导角抛磨，避免人因外部撞击而受伤。

3. 框架两侧以直径0.8mm的不锈钢条做辅助支撑，精准焊接在每两块板材之间的固定位置，看起来仿佛是一线到底。

图片提供：源原设计

图片提供：源原设计

设计手法 20　铁件层架扩增收纳展示功能，也留住采光

运用范围：展示架。

金属种类：铁件。

设计概念：住宅受限于面积不大，加上想要保留双面采光的优势。因此面对屋主的书籍与公仔、漫画读物收纳需求，设计师巧妙地在半腰窗的墙面区域，以线条细腻又坚固的铁件拉出5层展示架，层板深度从下至上由窄变宽，避免人坐着时感到压迫，第一层合适收纳扭蛋尺寸规格的小公仔，第二层可放置漫画或中型公仔，最上层则是摆放大尺寸、使用频率不高的工具书，在空间色调的安排上，硬件采用黑白灰大地色调，可衬托出鲜艳缤纷的公仔、漫画，也不会让空间颜色显得过于凌乱。

施工关键

1. 铁板底下主要利用圆柱形的铁件作为结构支撑，圆柱锁于墙面内，再与铁板做焊接。

2. 由于老屋墙面多半非垂直水平，铁板后方的大小缝隙以硅胶做收边修饰。

3. 横跨窗户的铁板在窗框正中心置入钢索，悬吊固定于钢筋混凝土天花结构内，强化展示架的稳固与承重。

图片提供：混混空间设计

130

图片提供：湜湜空间设计

131

运用范围：滑梯扶手、台阶。

金属种类：圆管铁件。

设计概念：对于这间40年房龄的长形老公寓，设计师重新规划功能区，且让公共空间保有方正格局。一方面屋子里的每一个柱体转角也都以圆角处理，以保护孩子安全；另一方面为满足孩子们好动爱玩的个性，增设多功能游戏区。滑梯扶手、台阶以烤漆铁件打造，铁件选用圆管造型，烤漆呈两种颜色相互呼应，并延伸墙面的渐层渲染色彩，以活泼色彩打造欢乐亲子居所。

图片提供：馥阁设计集团

施工关键

1. 为提升安全，选择圆管铁件作为扶手、台阶，铁件在工厂烤漆成两种颜色。

2. 将圆管铁件扶手用预埋件与C型钢楼板做结构接合，台阶则锁于地板结构内，最后再利用木板包覆扶手。

设计手法 22 镀钛不锈钢展示柜通透轻薄，保有良好视线

运用范围：展示柜。

金属种类：镀钛不锈钢。

设计概念：毗邻河岸景观的居所，整体设计以"保有良好的视线"为原则，客厅一旁的空间规划为多功能房，提供客人休憩、孩子练琴等用途，开放式格局设计赋予良好的互动与交流，也因此客厅电视墙延伸的展示柜体特别选择以轻薄且具穿透性的不锈钢打造，再以镀钛处理凸显精致、现代质感。

图片提供：馥阁设计集团

施工关键

1. 柜体采用不锈钢材质并做镀钛处理，富有金属光泽，为空间注入精致内敛质感。

2. 不锈钢柜体的上、下框架皆隐藏于天地结构之内，在赋予稳固性之外，让线条更为简约利落。

设计手法 23　折板楼梯与冲孔半墙引出空间穿透感

运用范围：楼梯、扶手、半墙设计。

金属种类：黑铁、铁冲孔板。

设计概念：在此项目中，楼板上为一个T形梁，使通往2楼产生了两个楼梯，这样间接占掉了许多空间。为了让空间达到最大的利用限度，设计师重新改造，保留一个楼梯，设计为旋转梯的造型，另外在被梁切断的空间，以黑铁为板材制成折板楼梯，以下三阶、再上三阶的手法去穿越梁下空间，折板的形式一方面能弱化楼梯量体的存在感，同时引导动线向上，成为空间的轴心焦点。黑色的半墙则采用冲孔板，除了让视线得以穿透外，也让楼梯的材质延展串联。

施工关键

1. 选择3mm厚的黑铁板材，裁切出折板楼梯的系统形式，再用焊接手法相互衔接。

2. 半墙的冲孔板选择2mm厚的黑铁板材，并将冲孔版焊接在3～4cm厚的外框架中，让其能产生像扶手握把的存在感。

3. 金属先做表面处理，使用核心底漆后再做表面烤漆上色。

图片提供：十颖设计

图片提供：十颖设计

设计手法 24　铁件切割造型变身创意桌脚

运用范围：吧台桌脚。

金属种类：铁件烤漆。

设计概念：铁件材料可以针对个人的需求喜好，运用数控加工定制各种造型，而且比起木作又更为轻薄，利落许多。在本项目中，由于屋主非常喜欢日本漫画《樱桃小丸子》，希望家中随时都有樱桃小丸子的图形，设计师便利用数控加工的铁件装点于家具上，例如吧台桌脚就加入小丸子、花轮脸形点缀，粉红壁面展示架也以同样概念设计制作，为生活增添趣味与个性。

图片提供：馥阁设计集团

施工关键

1. 石材桌面底下藏着一块铁板，铁板与墙面以预埋铁件稳固结构。

2. 圆管铁件桌脚上端以满焊方式与桌面接合，椅脚锁于地面结构上，再覆盖地板。

运用范围：柜体衍生出的隔屏设计。

金属种类：铁件烤漆。

设计概念：响应屋主对于新中式风格的喜好，从空间格局开始，设计师便以中式建筑中的主屋、庭园、厢房意象铺排，主卧与更衣室之间利用衣柜做出隔间，并画龙点睛将中式图腾简化成烤漆铁件窗花隔屏，在自然光的映射下营造中式氛围，也让现代与传统恰如其分地融和。

施工关键

1. 隔屏两侧厚度为柜体厚度，先于柜体两侧预留铁件屏风的厚度，再将其嵌入。

2. 铁件隔屏位置往前靠近主卧房这一侧，更衣室区域就可多出台面放置物品。

图片提供：馥阁设计集团

图片提供：馥阁设计集团

设计手法 26 弯折的金属圆管表现北欧的清新、圆润调性

运用范围：吊柜。

金属种类：不锈钢。

设计概念：项目中多有圆弧线条的设计，位于厨房吧台上方的吊柜也呼应了此概念，以圆管不锈钢制成的边框，在边角的表现上也呈现出圆滑的曲线，与木作层架搭配，以烤漆的方式做表面处理，不仅可作为收纳柜使用，也能摆放装饰品或者植物，实现以陈列增加生活美感的想法。

施工关键

1. 此不锈钢圆管的管径为1cm，可进行弯折处理，弯折过后需检查两边的角度是否一致，以免安装时因角度不一致而造成困扰。

2. 圆管钢材与木作层板之间以螺丝固定，此方法亦有利于确保其承重力。

图片提供：知域设计。

设计手法 27 | 结合金属与木作柜体，悬浮柜体减轻压迫感

运用范围：柜体架构。

金属种类：不锈钢。

设计概念：设计师试图突破传统的屏风设计手法，不仅赋予其收纳柜的功能，同时以圆弧线条表现柔和气息，避免尖锐的边角线条显得过于突兀，以烤上金属漆料的不锈钢圆管作为外框与支撑整体的架构，并通过组装的方式使柜体得以呈现悬浮效果，在细节处展现设计巧思，使屏风柜兼具实用性以及装饰美感。

图片提供：知域设计

施工关键

1. 借用积木组合的原理，将金属边框与木作柜体结合，因此在制作木作柜体时，便需预留金属边框嵌入的孔洞，且距离需计算精准，并于组装好后在出孔处加强黏合。

2. 此处使用的为1cm的圆管不锈钢材，可进行弯折处理，而在不同部分的金属拼接处，仍需以焊接进行黏合，由于柜体本身具有重量，必须采用满焊的方式提升承重力。

3. 金属边框若与玻璃接合，需先于金属边框上切割出沟缝，使玻璃得以以卡榫的方式固定于边框上，此时沟缝的厚度需测量准确，以免发生与玻璃厚度不合的问题。

设计手法 28　以铁件打造轻隔间实现海量收纳功能

运用范围：展示、收纳柜。

金属种类：黑铁、铁冲孔板。

设计概念：屋主有大量的藏书，为了满足收纳需求，设计师以铁件打造轻隔间，整合客厅与书房，扩增共同活动的领域范围，同时结合展示及收纳的柜体功能。展示柜设计分为三部分，从左侧地面一路延伸至天花板的L形格状框架系统，结合学习角的方形矮柜，以及运用冲孔板增加视觉通透性的长形柜，设计师突破传统格局的束缚，也借此实现了兼具收纳与隔间功能的创意巧思。

施工关键

1. 格状框架都采用1cm×1cm的细黑铁构成，每两格会做一个2mm厚的侧板当作书立。

2. 接着再以点焊法方式让框架结构相互衔接。

3. 最后在现场将框架烤上白漆。

图片提供：十颖设计

图片提供：十颖设计

设计手法 29　红铜镀钛色易清理养护，适用于工作台面

运用范围：展示柜。

金属种类：镀钛不锈钢。

设计概念：刚入门便能看见与地面无缝衔接的混凝土底座吧台，桌面以镀上红铜色的镀钛板表现，其灵感来自盛装茶叶的罐子，亦多为红铜或者黄铜色泽的金属材。因此设计师将该元素提取出来，使其成为空间色彩计划的一环。在粗犷、看似不修边幅的空间中，局部采用金属面材做装点，为空间注入一丝内敛的尊贵感。

施工关键

1. 镀钛金属板的镀膜可耐酸碱，表面不易黏附异物，用于户外也相当合适。

2. 水泥易受潮，因此通常会凹凸不平，施工时需注意表面的平整，而水泥与金属面的结合需考虑其承重力，避免在灌注水泥后产生衔接面的裂缝。

图片提供：合风苍飞设计，张育睿建筑事务所

设计手法 30 以灰色台阶整合不同的材料，弯曲隔板展现软性张力

运用范围：楼梯设计。

金属种类：生铁。

设计概念：以体验饮茶文化为主轴的空间，最重要的便是避免材料的张力破坏了宁静沉淀的氛围。以铁件制成的楼梯具有十分强烈的结构感，为了回归内敛且不张扬的气质，设计师刻意以弯曲的网格板展现软性的张力，缓和其整体重量，并以灰色烤漆包覆冷硬的铁件原色。灰色的旋转楼梯、混凝土墙、灰调砖墙虽各为不同的材料，却以灰阶的色调相互整合与搭配，不同的材质满足视觉的丰富性，十分细致且纯粹，丝毫没有打乱空间应有的静谧与平衡。

施工关键

1. 冲孔板的材质为生铁，其以烤漆的方式进行表面处理，在施工后，需特别注意转角处以及衔接处的烤漆处理。

2. 楼梯需要承载或载重的冲击力，因此需要较大的力度，踏板的厚度为5mm，且为实心的，在焊接时必须以满焊的方式进行焊接，强化稳固力。

3. 由于楼梯为弧形设计，每块踏板形状都不一，因此都要独立切割，在切割过后需做导角处理，以免剖面过于锋利造成割伤。

图片提供：合风苍飞设计，张育睿建筑事务所

图片提供：合风苍飞设计，张育睿建筑事务所

143

设计手法 31　金属利落线条响应北欧简约风格

运用范围：吊柜。

金属种类：不锈钢。

设计概念：由于室内面积不大，因此如何巧妙地增加收纳空间成为至关重要的课题。为了体现北欧风格简约与功能性兼具的精神，利用吧台与天花板之间的空余地带增设了悬吊式的柜体，其内空间可作为酱料罐摆放架，或者酒杯的悬挂架，多元的功能使生活更便捷；柜体以不锈钢作为结构材料，采用烤漆的方式处理表面，可自由呼应色彩计划来决定悬吊柜体的色调。

施工关键

1. 悬吊的柜体需做结构加强，在天花板工程开始施工之前，可先将吊柜结构悬吊于钢筋上，确保其承重力。

2. 方管的不锈钢管无法直接做弯折处理，因此需要以焊接的方式进行组装，考虑其置物功能，建议用满焊的方式进行焊接。

3. 表面处理采用粉底烤漆，此种烤漆方法较不易掉漆与生锈，可减少日后修复的频率。

图片提供：知域设计

设计手法 32 金属板材与零件的多元运用，可挂置衣物，亦是书立

运用范围：表示层架。

金属种类：不锈钢。

设计概念：结合了书房与客房功能的空间，收纳的功能也需要满足双重使用的需求，设计师巧妙地利用不锈钢板以及定制零件，打造了具有镜像视觉感的层架。层架上方可作为书柜使用，下方则可挂置衣物，以单一对象创造多元使用方式，节省了空间也增添了巧思。

图片提供：知域设计

施工关键

1. 梯形金属零件与不锈钢板的衔接处，为了确保承重力，需以满焊的方式进行焊接。

2. 不锈钢板的厚度为3mm，虽然厚度极薄，但由于板材与壁面之间有螺栓固定，因此能确保其承重力，亦可保持线条的利落感。

3. 经过切割的金属板材边缘需导角处理，避免边缘过于锋利造成割伤。

设计手法 33　铁件层板与柱体交接，模糊视觉轻重感受

运用范围：表示层架。

金属种类：铁件。

设计概念：客厅后方有着厚重柱体阻隔，为了有效弱化柱体存在，设计师利用木作包覆，同时嵌入5mm的轻薄铁板，将视觉从直向转移为横向，在轻与重之间模糊视觉感受。精巧的层板也能作为摆放艺品的展示架，巧妙成为沙发背墙的装饰。同样设计也沿用至厨房，细致的铁件层架搭配3mm的玻璃隔板，在扩增收纳功能的同时，也创造轻透视觉。

施工关键

1. 铁件层板于工厂定制做成L形，并烤漆成白色。
2. 层板通过L形的设计嵌入柱体于墙面后固定，而沙发后方的层板较长，则另用钢索加强固定。钢索与层板之间以螺丝锁合，天花处则加上挂钩，钢索再挂进钩子里固定。

图片提供：虫点子创意设计

图片提供：虫点子创意设计

设计手法 34 黑铁落地窗延伸至铁件吧台，打造一体感

运用范围：吧台桌面、落地窗框。

金属种类：生铁。

设计概念：这间餐厅顺应原有的老旧建筑，融入冷硬的工业风格，设计师运用铁件落地窗作为建筑立面，让人能一眼穿透室内，同时在窗边架高地板，设置餐饮吧台，打造悠闲的户外空间。为了与铁件落地窗相呼应，吧台桌面刻意采用2mm的铁件，并与窗框固定，与窗框仿佛融为一体，让整体线条更为一致。

施工关键

1.2mm的铁件薄板在边缘做出Π字形的弯折，避免使用时割手。
2.铁件桌面点焊固定在窗框上，增加结构稳定性。

图片提供：谧空间

设计手法 35 　镂空酒柜吊架兼顾收纳与展示功能

运用范围：酒柜吊架。

金属种类：生铁。

设计概念：为了让入门处的酒吧区更为吸睛，设计采用独特纹理天然石材，搭配石板地面，打造半户外的空间感。墙面则巧妙运用黑铁板黏附，使其虽与石材同色却又自带金属光泽，在各种材料的叠加下，创造视觉丰富层次。同时利用铁件吊柜作为酒柜，镂空的通透设计让收藏的酒类也能成为焦点，兼具收纳与展示功能。

施工关键

1. 先在墙面黏附4块2mm黑铁板，每块铁板之间点焊固定，避免角落翘起。
2. 铁件收纳吊架则用螺丝打入墙面固定，再点焊吊架四边角落即可。

图片提供：谧室间

设计手法 36 简化扶手线条，营造轻盈视觉感受

运用范围：楼梯扶手。

金属种类：铁件。

设计概念：在这3层楼的空间中，原本就有着高低落差的地面，因此设计师顺应空间做出木作、水泥台阶一路延伸至楼梯，形成动线的串联，同时拆除前5阶的楼梯，改为悬浮设计，而扶手也特地简化结构，仅在两阶设置立柱，并采用与墙面一致的净白色系，保有轻盈通透的视觉效果。

图片提供：虫点子创意设计

施工关键

1. 扶手选用4cm x 2cm的方管铁件，并做白色烤漆处理。

2. 先在阶梯打入小型方管，扶手则以套管方式套入固定，每组扶手立柱之间则以焊接固定。

设计手法 37 几何造型扶手，在视觉上勾勒轻盈感

运用范围：楼梯扶手。

金属种类：生铁。

设计概念：这间跃层以简约利落的设计概念为主轴，在净白空间的基底下，有别于以往楼梯扶手的厚重印象，采用细致铁件线条勾勒出几何图案，简洁的造型巧妙地成为美丽的沙发墙面端景，使空间更有质感。此外，设计师还特地搭配通透玻璃，让楼梯显得轻盈通透，在视觉上得到有效的放大。

施工关键

1. 铁件扶手以内外套管的方式固定于墙面上，再以点焊固定套管。
2. 焊接完，墙面会有损伤烧焦，再修复即可。
3. 嵌入8mm+8mm的强化玻璃，刻意留出离墙3cm的间距，这样玻璃不易积尘，也方便清洁。

图片提供：谧空间

设计手法 38　白色轻薄台阶，让空间实现视觉最大化

运用范围：楼梯台阶。

金属种类：铁件。

设计概念：由于空间只有160㎡大小，屋主希望生活空间可以尽量放大，于是设计师借助空间挑高4m的优势，通过夹层规划出主卧与更衣空间，并采用1cm厚的轻薄铁板作为楼梯，在达到有效承重的同时，搭配钢索的通透镂空设计也能降低楼梯的存在感，让视线得以穿透不受阻隔，同时在色彩方面延续清新淡雅的主色调，楼梯以白色烤漆减轻视觉沉重感，达到视觉上开阔放大空间的效果。

图片提供：虫点子创意设计

施工关键

1. 铁件台阶在工厂制作并烤漆后，送至现场组装。

2. 将台阶预埋在水泥墙面里，嵌入5～10cm后锁住并焊接固定。再包上木作墙面，踏阶与木作墙面之间则以硅胶填缝。

3. 由于台阶太长会下垂，另一侧则利用钢索固定。

设计手法 39　金属网架点缀绿植，工业风也有清新感

运用范围：悬吊网架。

金属种类：生铁。

设计概念：以工业风为定调的空间中，设计师以回收旧木铺陈地面，奠定复古氛围，而吧台上方辅以铁件吊柜点缀，粗犷的金属材料为空间增添冷硬质感，同时内藏轨道灯具，使吊柜兼具照明与收纳需求。为了不让空间过于冰冷，天花架设铁件扩张网，搭配丰富绿植，为空间注入清新暖意，视觉感受也更有层次。

施工关键

1. 先在天花打入小方管，吧台收纳吊架则制作较大的方管。
2. 收纳吊架套入小方管，套管后点焊固定，能有效避免螺丝等零件的存在，让铁件线条宛若嵌入天花中，看着更简单利落。
3. 天花的扩张网采用悬挂固定。

图片提供：谧空间

154

设计手法 40 镂空层架展现利落质感

运用范围：层架。

金属种类：生铁。

设计概念：为了不让入门空间过于单调空洞，设计师刻意设置一座铁件收纳层架，表面喷深灰色漆，带有些许银粉的材质，强调金属光泽质感，在纯白空间的映衬下，创造细致又轻奢的线条感，更显简约利落，也能巧妙遮掩墙面电箱，弱化存在感。收纳架特地错落布置大小不一的柜格，同时嵌入木箱，不同材料的拼接更能丰富层次。

施工关键

1. 此层架是由两座铁件层架相接而成的，层架与石材地板以内外套管的方式固定，再从侧面锁住螺丝固定，有效稳固不倾倒。
2. 螺丝处进行喷漆修补，统一整体色调。
3. 两座层架以点焊固定，打磨焊点后喷漆修补。

图片提供：谧空间

设计手法 41　木作预埋铁件，爬梯更稳固，也简约美观

运用范围：床铺楼梯。

金属种类：铁件烤漆。

设计概念：在这间仅仅70㎡的住宅空间中，设计师分别于两间小孩房采用垂直设计，试图争取更大的使用面积。男孩房以上铺床位打造，对应下方空间就是隔壁女孩房的下铺床位，上铺床则通过铁件烤漆的楼梯达到稳固安全。比较细腻的做法是，设计师特别选择预埋螺丝孔再锁上铁件，如此就能避免五金裸露，让设计更为简约美观。

施工关键

1. 当木工施工时，先将铁件的预埋件螺丝孔包在木作结构内。
2. 铁件于工厂做粉体烤漆涂装，颜色可以均匀分布，亦可修饰掉焊点区域。
3. 为了避免现场进出会破坏烤漆，在工程收尾时再将楼梯固定在预埋的螺丝上。

图片提供：馥阁设计集团

设计手法 42 悬吊铁板可吸铁，也兼顾卧房隐私

运用范围：悬吊隔屏。

金属种类：铁件烤漆。

设计概念：设计师将具有包覆、安全感的圆弧设计，延伸至次卧房的空间当中。为避免推开房门直视床铺的尴尬，设计师于床铺侧边悬挂一道圆弧铁件，这道铁件不仅仅具备隔屏功能，铁件本身带磁性，也可让青春期孩子张贴喜爱的相片、明信片等装饰，以白灰色彩搭配圆弧线条语汇，为空间注入活泼氛围。

施工关键

1. 圆弧铁板以圆管铁件悬挂于天花板上，圆管部分需与RC结构做衔接才稳固。
2. 铁板与圆管之间在工厂就先做好焊接。
3. 烤漆分成两个步骤，先烤白色底色，再在圆弧区域上灰色，两色之间须留出自然缝，避免烤漆后产生边缘感。

图片提供：馥阁设计集团

图片提供：馥阁设计集团

设计手法 43　玫瑰金不锈钢管点缀轻奢质感

运用范围：管线设计。

金属种类：不锈钢。

设计概念：在工业风格的基底下，设计不做天花封顶，改以水泥涂料铺陈，裸露的灯具管线特地烤上玫瑰金色漆，金属的光泽在灰质粗犷的空间中隐约闪耀，为空间注入轻奢质感，也正好与餐厅吊灯的颜色相互呼应，统一视觉。设计师在沙发背景墙则嵌入轨道灯，不仅有效加强局部照明，光还从柜体沿着梁下蔓延出来，宛若勾勒空间线条，创造立体感受。

施工关键

1. 天花设置原色的不锈钢管，嵌入筒灯后以螺丝固定。
2. 固定好之后再喷上玫瑰金色漆。

图片提供：虫点子创意设计

设计手法 44 巧用厚重矮梁，弱化铁件单杠存在感

运用范围：单杠设计。

金属种类：铁件。

设计概念：由于屋主有在家健身的需求，再加上空间本身有着老屋特有的梁柱过多问题，设计师刻意选在玄关天花设置铁件单杠，巧妙利用低矮梁体隐藏单杠存在，同时在入口处开阔空间方便运动。而入门柜体也顺势做出曲面造型，不仅柔化空间线条，也让屋主在运动时前后摇摆不会撞到一旁柜体，强化安全性。

施工关键

1. 单杠表面烤漆成磨砂雾面，增加握把的摩擦力。
2. 由于单杠需要能承受人身重量，以膨胀螺丝打入水泥天花，有助强化承重。

图片提供：虫点子创意设计

图片提供：虫点子创意设计

设计手法 45 　金属书架搭衬仿古镜，融入复古氛围

运用范围：书柜。

金属种类：铁件、不锈钢、黄铜。

设计概念：整体空间以20世纪20年代的风格定调，铺陈菱格木地板、深色木皮墙。由于当时普遍使用活动家具，设计师刻意不做置顶的固定柜，改以镂空书柜代替，书柜以不锈钢为骨架，表面贴上木皮巧妙融入背墙，辅以圆弧的蓝色铁网衬托，创造细致利落的线条，中央搭配仿古镜的设计，反射虚与实、复古与现代交错的空间氛围。

施工关键

1. 将作为支撑的U形铁件烤灰色漆后，固定于天花上，并穿入黄铜管，黄铜管本身内套不锈钢，相互接合固定。

2. 书架本体的两侧圆管以不锈钢制成，表面贴上木皮，利用套管方式固定于墙面与地面。

3. 蓝色铁网在工厂事先导出R角，而在现场施工时，略微与墙面脱开，在上下两侧以金属锁件打入墙面固定。

图片提供：开物设计

设计手法 46 不锈钢灯带贯穿空间，隐喻新旧交融

运用范围：灯带设计。

金属种类：不锈钢。

设计概念：在以复古与创新为主轴的设计概念下，设计师让客厅裸露部分管线，重现过往工业质感风貌，同时安排不锈钢灯带贯穿空间，一路从玄关蜿蜒至主卧门前。内嵌霓虹灯的细致光带隐喻现代与过去的联结，而不锈钢的金属光泽巧妙导引视线的流动，也为空间点缀轻奢质感。

施工关键

1. 现场在地面放样，定位灯带位置，在天花打入Y型钢锁件，钢索再与灯带锁住固定。

2. 而灯带从剖立面来看，是近趋于H形的设计，中央采用铁片分隔上下，因此每段不锈钢灯带通过点焊铁片相接固定。

图片提供：开物设计

图片提供：开物设计

7 装饰性金属材质的选择

用作装饰表现，金属材质的选择种类更为多元，像是红铜、黄铜、铝板、冲孔板、扩张网等，通过不同的运用方式，在作为装饰的同时还兼具些许的功能作用。

图片提供：源原设计

装饰性金属材质的比较

种类	红铜	黄铜	铝板	冲孔板	扩张网
特色	纯铜本身属柔软的金属,切面会带有红橙色的金属光泽,延展、导热以及导电性皆好	黄铜的抗腐、耐磨性佳,经常用于精密机械制造,也是制造铜管乐器的主要材质	铝板材料轻,密度仅为钢、铜的1/3,柔软且好裁切,容易塑型是其特色	通常以不锈钢板作为底材,在表面冲压圆形或其他不同形状的孔洞而成的钢板	扩张网的特殊菱形网状结构,可提供良好的视觉通透性
挑选	铜有许多不同种类的合金,合金的金属比例会影响呈现出来的色泽与硬度	建议选择成分越精纯的越好,一般可分为普通黄铜与特殊黄铜	以铝锭轧制加工而成的材料,可再制造出多种形式的铝板	冲孔板厚度从1~5mm都有,一般常使用2mm厚度的冲孔板	金属扩张网包含钢铁、不锈钢、铝等材质,铝的强度较低,作为结构性设计建议以铁或不锈钢为主
运用	铜质地较软,多用于立面,或者制成五金把手,亦可见于家具灯饰等处	黄铜具有耐磨抗腐、延展性佳的特性,除了作为机械零件,在设计上经常做成铜管、铜片、五金零件	铝料材质多半会直接使用原本色,铝板通常有固定规格的颜色可供选择做创意运用	冲孔板的孔洞可以定制,依照设计概念做不同的排列组合	扩张网除了造型方正,网状编织形状还有多种选择,长度也没有限制
施工	铜的延展性高,常见多以焊锡的方式进行拼接	在工厂对黄铜进行加工时,多半以焊接方式处理,可避免造成焦黑表面	只要将需要的尺寸裁切好,再利用硅胶做黏着即可	依据面积大小,可决定在工厂先行加工再到场装设,也可直接在现场施工	金属扩张网四边须有金属框架做支撑与固定,扩张网与框架会以焊接方式,先在工厂做好,再到现场安装
计价	依据厚度、长宽有不同的价格(其他项目另计)	依据厚度、长宽有不同的价格(其他项目另计)	视造型与设计而定(其他项目另计)	依照厚度、面积大小价格不同(其他项目另计)	以面积计算(其他项目另计)

红铜
可塑性强，能展现出时间感的质感金属

+

特色 解析	纯铜本身属于柔软的金属，切面会带有红橙色的金属光泽，延展性、导热性与导电性皆良好，除了是作为电缆、电子组件的常用材料，也经常适用于建筑空间中。需要注意的是，纯铜并不合适直接加工，因其材质过软，韧性较大，会导致加工面不够光亮，此时可加入锌制成黄铜合金，增加其强度，便可得美观的加工面。
挑选 方式	铜有许多不同种类的合金，如铜锌合金、铜锡合金等，制作合金的种类、合金金属的比例，都会影响所呈现出来的色泽及硬度。在挑选铜板的时候，除非是在较为特殊的环境下使用，否则可优先考虑希望呈现的效果。此外，也可以借助后期处理来展示想要的纹理质感，例如借助水汽的多少以及接触水汽的面积与区块等，来控制铜氧化的面积。

图片提供：水相设计

水相设计在事务所的洗手间里，从台面到墙上都包裹了纯铜，通过局部打磨成光洁镜面的方式，改变了材质的
接口属性。

图片提供：水相设计

从水相事务所入口处自左边望去，就能看到纯铜材料的运用，这样可以借助金属的色泽给空间带来一抹温暖。

| 适用方式 | 立面装饰。

| 计价方式 | 除材料本身，还要考虑加工方式、施工难易度等相关费用，另还会收取运送费、安装费用等。

设计 运用	近年来，复古潮流兴起，铜取代金成为更加热门的装饰材料。铜具有会随着时间产生色泽变化的特性，这是许多人喜爱用铜的原因之一。由于铜质地较软，易因碰撞产生凹凸面，且易氧化产生铜绿，因此大多用于立面，或者制成五金把手，也可见用于家具灯饰等处。此外也有建筑师以铜作为屋顶瓦片的替代物，刻意让其经过氧化并产生铜绿，表现出另类的建材料地。
施工 方式	1.铜的延展性强，除非是以钻孔的方式锁定进而接续铺设，不然一定得用焊锡的方式进行拼接。 2.焊锡跟铜接触时会留有痕迹，没办法如铁的焊接一样，焊点与铁本身几乎没有色差，因此铜在焊接时，不会在片与片之间焊接，而会是在铜片的背后做好焊锡结构，以此固定铜片，同时须避免在表面留下焊接痕迹。
注意 事项	1.如果想要消除表面的铜绿，除了以刮除的方式，还可以拿去晒太阳，因为热胀冷缩的原理，遇热可以让铜绿与铜产生分离，会更好剥除。 2.金属表面在安装或使用过程中会产生细微的小刮痕，如果选用光滑或直条纹的表面处理，这些小刮痕就会非常明显，反之若是选用乱纹的表面处理，即使日后产生刮痕，也不会影响整体效果。 3.由于铜的质地柔软，因此在塑型上，建议尽量简化工序，避免过度复杂。

黄铜
替设计注入轻奢华丽质感

+

特色 解析	黄铜本身是由铜与锌组成的合金，纯铜外观为红色，而红铜加了锌，即呈现黄色，黄铜的抗腐、耐磨性佳，经常用于精密机械，也是制造铜管乐器的主要材料。而亮金色的黄铜外观优美，柔和温润的金属光泽带点轻奢质感，还有延展性佳、易于塑型的特点，在室内设计中经常担任画龙点睛的装饰角色。
挑选 方式	鉴于黄铜的成分，越精纯越好，一般可分为普通黄铜与特殊黄铜。普通黄铜只由铜与锌两种金属组成，特殊黄铜则是由3种以上金属组成的合金。若杂质较多，则延展性相对较差，而合金纯度越精纯，也会具有较佳的韧性与延展性。可要求制造商提供化学成分，确认是否含有杂质，以确保材料质量。
设计 运用	黄铜的金黄色泽能让人眼前一亮，再加上具有耐磨抗腐、延展性佳的特性，除了作为机械零件，在设计上经常做成铜管、铜片、五金零件，甚至制作灯具，创造视觉惊艳亮点。而依照锌的比例不同，黄铜的色泽也会有所变化，锌的比例越高，在色泽上就越黄，若锌的比例偏低，外观看起来会更显黄红色，可依照需求选择合适的色系搭配。

复古门片巧妙拼贴黄铜与镜面，创造丰富光影层次，注入仿古优雅韵味。

在沉稳木色的衬托下，运用相近色系的黄铜点缀，隐隐闪耀金属光泽，增添轻奢气息。

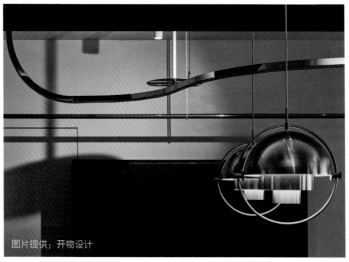

刻意裸露天花管线，利用不锈钢灯带与铜管勾勒细致线条，粗犷中又带有精致质感。

施工 方式	1.由于黄铜以高温焊接，表面会被烤黑，焦黑痕迹无法修复，因此一般来说于工厂进行黄铜的加工时，多半利用气焊、电弧焊、手工电弧焊、氩弧焊等施工手法，避免造成焦黑表面。 2.而在室内的现场施工上，则是利用套管或黏附的方式组装。以黄铜薄板来说，若是以木作为基底，铜便为黏附材，可利用强力胶粘贴在墙面上。
注意 事项	1.黄铜怕水，一旦遇水、遇湿气，表面会产生铜绿，建议避免在卫浴、阳台等潮湿区域使用。 2.黄铜虽然耐磨却不耐刮，容易产生刮痕，若要处理刮痕，需以手工打磨抛光。 3.若要避免铜锈，建议定期在表面涂抹铜油养护，有效维持金黄光泽。

│适用方式│功能运用、立面装饰。

│计价方式│以片计价（加工费与运费另计，加工费依实际需求计算）。

铝板
轻盈柔软易塑型，展现现代科技感

+

特色 解析	铝板的密度小，密度仅有钢、铜的1／3，柔软且好裁切、好塑型是其特色，过去较普遍用于制作工厂隔间，因缺乏突破性的设计运用，比较少用在住宅空间当中，近几年则多通过加工，其他材料搭配的形式，被越来越多地作为装饰材料使用。另外，在自然环境中，铝表面会形成一层氧化膜，可以阻绝空气造成进一步的氧化。
挑选 方式	以铝锭轧制加工而成的材料，其中又分为纯铝板、合金铝板、薄铝板、花纹铝板、铝塑板、铝浪板等。铝浪板合适运用在建筑外观立面，自有的波浪纹路搭配灯光照明能提升精致质感；铝塑板常用于室内空间贴饰柜体或壁面，仅需要根据体量大小裁切后即可施工。
设计 运用	铝板多半会直接使用原色，运用在外观的铝浪板通常有规格固定的颜色可供选择，铝塑板凭借其雾面带花纹的特性，可替代如玻璃、镜面等，达到适度反射却又不易留下手痕、污渍的双重效果。另外还有一根根的铝条，可与黑铁框架互相搭配，塑造出特殊的立面造型设计。

图片提供：一水一木设计工作室

坐落于十字路口的家饰店，利用双层铝浪板做前后交错堆栈，搭配由下往上的灯光投射，夜间反光时塑造出如镜面般的效果。

图片提供：一水一木设计工作室

远程的立面包含柜体、洗手间门片，由于使用频率较高，但又想要隐约的反射延伸效果，设计师在木材料上贴铝板，搭配黑色线板为边框修饰收边，给立面添加立体感，且无须担心使用时留下手印。

图片提供：一水一木设计工作室

吧台侧立面免不了受到碰撞而弄脏，铝板本身带雾面花纹质感，既不易显得脏，也容易擦拭保养，同理也很合适代替厨房吊柜下的烤漆玻璃。

施工 方式	1.铝塑板的施工相当简单，只要将需要的尺寸裁切好，再利用硅胶黏着即可。 2.铝条与铁件外框接合时，可借助激光切割出沟缝，但角度皆需精准计算，以免最终排列成果不如预期。
注意 事项	1.铝板表面亦可再加上各种不同的处理，耐蚀性会更佳，可于室外及较恶劣的环境中使用。 2.若使用铝浪板作为建筑外立面，考虑到铝料质量轻盈、柔软，建议可堆栈两层交错使用。

| 适用方式 | 功能运用、立面装饰、建筑外观。
| 计价方式 | 以面积计算（每家工厂报价方式不一）。

冲孔板

独特微孔造就出立面独有美感

+

特色 解析	冲孔板通常是以不锈钢板作为底材，在表面冲压圆形或其他不同形状的孔洞而成的钢板，可依照需求进行不同颜色的烤漆加工。冲孔板具有穿透性，常用于制作隔层或门片，或用于其他需要透光功能的地方，还可用于卫浴设备，或用作悬挂功能的背板。
挑选 方式	冲孔板厚度在1～5mm之间，厚度越厚价格越高，一般常使用2mm厚的冲孔板，但也需要参考面积与用途来决定厚度，像是大片门片，若使用1mm厚的冲孔板，会因太薄而容易变形。
设计 运用	冲孔板的孔洞可以定制，可依照设计概念做不同的排列组合，梅花孔就是5个圆孔依照梅花花瓣的排列方式呈现，视觉上较有变化性，平行孔则是以同样间距平行排列的圆孔，变化性差。

户外区的木纹地坪、冲孔板与百叶窗混搭，丝毫无违和感！

图片提供：怀特室内设计

冲孔板不只作为立面装饰，表面的孔洞亦能吊挂植物盆栽。

施工 方式	1. 面积不大的冲孔板可在工厂先进行烤漆等加工动作，再运到现场装设，但如果面积过大，则需到现场拆解，再进行烤漆焊接等加工。 2. 孔洞大小与冲孔板的放置位置、距离远近及观赏的角度有关。例如直径1cm的孔洞近看很大，但如果是放置在大面积钢板上，或冲孔板装设位置在比较高的远处，视觉上孔洞就会变小，在施工前可以先用纸板打出1：1的孔洞，放在该处确认效果，没问题后再制作真正的金属冲孔板。
注意 事项	1. 需注意冲孔板的孔洞收边的平整度，确认不会因锐利割伤使用者。 2. 除了不锈钢材质的冲孔板，黑铁上了防锈涂层也能作为冲孔板，多用于室内，价格相对便宜。

|适用方式|立面装饰、功能运用。
|计价方式|钢板以重量计价，但冲孔板若为非规格品，需要焊接定制孔洞等加工，则以报价处理。

扩张网

外观室内皆适用，坚固且通透性佳

+

| 特色
解析 | 扩张网的特殊菱形网状结构，可提供良好的通透视觉效果，若空间当中需要赋予穿透性，相较于木材质必须洗洞或通过造型切割创造出格栅线条，使用扩张网是更快速的方法，再加上扩张网的金属网状拥有扎实的力学载重结构，具有稳固强硬的特性。 |

| 挑选
方式 | 扩张网有钢铁、不锈钢、铝等不同材质，铝的强度较差，若是作为结构性设计，建议以铁或不锈钢为主。扩张网可适用于建筑外观、户外、室内隔屏或楼梯围栏，若是作为建筑外观使用，有专属的外墙、建筑用金属扩张网款式，低楼层可选择网状密度较大的设计，保护隐私，避免阳光直射，高楼层再搭配密度较小的扩张网。 |

| 设计
运用 | 扩张网不单单只有方正的造型，还有网状编织形状等多种选择，长度也没有限制，亦可通过裁切加工定制不同的造型，例如弯曲成弧形的立面。表面有很多种方式处理，喷漆、烤漆或镀钛，通常铁制的金属扩张网较常被设计师使用，黑铁本色会再经过粉体烤漆处理，避免锈蚀，但如果是追求自然原始氛围或轻工业风格的商业空间，则可省略烤漆。 |

图片提供：木介空间设计

3层楼的餐饮空间，2楼挑高区域选用黑铁烤漆扩张网作为围栏，赋予空间适当的视觉通透性，也兼顾安全性，黑铁烤漆与水泥本色、裸砖结构营造出的氛围也更为协调。

独栋建筑的楼顶选用不锈钢金属扩张网，除保持通风之外，亦可阻挡侧边大树的蔓延，两侧金属框架为呼应设计语汇做白色喷漆处理。

施工 方式	1.扩张网的四边必须有金属框架做支撑与固定，扩张网与框架会以焊接方式在工厂事先做好，再于现场安装。 2.若是用作建筑立面造型，框架必须以挂锁五金配件固定在钢筋混凝土结构上。
注意 事项	1.扩张网亦可作为踩踏地面结构设计，但要注意网状的密度、材料硬度、厚度的标准都必须高于立面使用的规格。 2.铁遇水、遇湿气本就容易生锈，不建议设置在湿气较重的环境中，以免受潮生锈。

| 适用方式 | 功能运用、立面装饰。
| 计价方式 | 以面积计算（每家铁工厂报价方式不一）。

8 装饰性金属材质的运用

作为装饰用途的金属，不只能给设计带来新意，
更能给空间创造出多样的表情。设计者善于利用
创意，让金属做不同的发挥与运用，充分展现材
质的各种设计巧思。

图片提供：怀特室内设计

设计手法 01 复古金铜搭配跳色抿石子，塑造经典怀旧氛围

运用范围：LOGO、家徽设计。

金属种类：铜。

设计概念：设计师将自带贵气的铜材质低调用在地坪LOGO上，用激光切割雕出细腻的图腾，包含品牌名称与家徽等，搭配单色或多色的抿石子，让亮眼的铜与质朴的石结合成独特的LOGO语汇。另外要留意的是，激光切割金属建议事先与厂商确保图腾的可行性与繁杂度，避免施工后与想象不符。

施工关键

1. 采用厚度3mm的铜板进行激光切割，其中切割有公式可供参考：金属厚度（mm）x0.8=宽度（mm），例如厚度3mm的铜板最细可激光切到2.4mm厚的铜条。

2. 铜长期使用会自然发亮，因此本案没有特别涂抹保护漆，实际上应以设计需求而异。

图片提供：硬是设计

图片提供：硬是设计

设计手法 02 用冲孔板打造有光空间

运用范围：半户外墙装饰。

金属种类：不锈钢冲孔板。

设计概念：此处公共空间为了遮挡一楼后阳台晒衣景象与杂乱的管线空间，怀特室内设计在立面处选用了冲孔板作为装饰，并搭配绿色植物盆栽，一来遮去杂乱景象营造出慵懒度假风格，二来也可保留一楼后阳台的采光不致昏暗，因为是半户外开放空间，选用不锈钢可耐锈蚀。

施工关键

1. 立面冲孔板如在室外，要选用防锈材料，在室内则可以选用黑铁烤漆节省成本。
2. 如在户外且体量大，孔洞需要更放大，以免看不出效果。
3. 体量面积大需在现场进行焊接烤漆，不然可先在工厂处理完毕再到现场装设。

图片提供：怀特室内设计

设计手法 03 · 香槟金线框让石材墙柔中带刚

运用范围：背景墙装饰。

金属种类：不锈钢。

设计概念：挑高两层楼的大理石背景墙，灰白的轻柔色泽，加上表层以特殊工艺制成波浪状的立体纹理，再做雾面拉皮处理，虽不如亮面华丽，却也不失典雅气息。源原设计采用长宽2cm×2cm的不锈钢方管扣合于石墙两侧，在方管表面镀上香槟金色泽，让石材与金属形成些许视觉反差，相互烘托，再者也让看似刚硬的金属元素有了另一种优美。

施工关键

1. 选择方管的尺寸要合乎整体比例，例如本案层高5m，因此配置长宽皆2cm的不锈钢方管显得恰到好处。

2. 假使要焊接造型框架，须在表面电镀之前施工。

3. 本案方管是选用平头锁与墙面固定，平均每60cm定锁头位置，确保整个金属框架的结构安全。

图片提供：源原设计

设计手法 04　借表面加工让视觉更富光影变化

运用范围：卧室入口立面装饰。

金属种类：不锈钢。

设计概念：即便是同种金属，也能运用各种表面加工创造不同外观表现，例如本案的卧室入口，设计师利用3种加工手法增添不锈钢的多样性，包含亮面、乱纹面与毛丝面，亮面反光效果佳。乱纹面带有雾面效果，毛丝面则呈现垂直的光泽细纹，整体空间通过局部金属材料的注入，使石材的质朴与现代感在此处达到平衡。

施工关键

1. 错开同种加工手法的不锈钢板，让亮面、乱纹面与毛丝面能交错放置，让画面更活泼丰富。

2. 乱纹面与毛丝面要留意施工时的纹路深度等尺寸，确保能呈现想要的表现效果。

图片提供：源原设计

设计手法 05 铁网背光打造未来科技感

运用范围：电视墙装饰。

金属种类：黑铁、铁网喷漆。

设计概念：屋主希望电视墙不单调，能有背景光，设计师利用铁件挂上铁网，拼贴组合相同材质，让电视墙有了平常之外的另一种风貌。铁网有同色相同规格品，可降低成本，线条的粗细与直横交错也可使视觉产生变化。

施工关键

1. 切割电视墙的铁网需小心收边，以免被割伤。
2. 注意铁网的铁丝、边框的粗细比例。
3. 因面积较大，铁网与边框在现场焊接。

图片提供：怀特室内设计

设计手法 06 藤编铁件交织异国风格

运用范围：大厅立面装饰。

金属种类：黑铁。

设计概念：此处为大厅接待空间，业主要求有异国风情的度假感。一般设计上常见以藤编来营造气氛，设计师想结合本地文化与异国风貌，先研究藤编的编织线条进行组合拆解，然后将黑铁弯折成藤编花纹形状，最后以花窗形式呈现出来，营造出个体的独特风格。

图片提供：怀特室内设计

施工关键

1. 花纹是专属设计非规格品，需将黑铁就花纹形状一个个进行弯折。
2. 每个花纹的细部油漆、抛光和打磨须细心处理。
3. 将每个花纹排列好再一个个焊接起来，注意焊接点的收尾。

设计手法 07　弧形红铜赋予安定沉静感受

运用范围：入口隔屏装饰。

金属种类：红铜。

设计概念：洞穴是人类最早的居所，身处之中会让人有安全、沉静之感，这间水疗空间主要是放松身心的场所，因此特意在墙体、部分开口使用弧形线条营造空间中的洞穴感。整体以较为昏暗舒适的灯光铺陈，长廊底端则是通过镂空金属隔屏引入自然光源。在材质的选择上，围绕自然主题，希望能以最原始的样貌呈现，因而此道隔屏选用红铜，不做多余的表现加工，让观者能感受其本质，赋予如同大自然予人的安定感。

图片提供：水相设计

施工关键

1. 为呈现视觉轻盈感受，选用宽25mm、厚3mm的红铜金属片打造。
2. 将一条条的红铜长条以垂直水平的方式交互建构出隔屏的结构。
3. 最后再以打磨方式修饰边角。

设计手法 08 扩张网天花巧妙遮蔽空调主机

运用范围：天花板装饰。

金属种类：金属扩张网。

设计概念：宽敞的开放式客厅，考虑屋主身高近190cm，设计师将封管与大梁下管线包覆，尽可能维持其余天花既有屋高，另外屋主也希望吊隐式空调主机能稍微有所遮蔽。在归纳以及思考空间整体调性之后，设计师选择能产生延伸效果的材料，以金属扩张网作为天花板的局部修饰，加上裸露管线的喷漆处理，试图降低吊隐式空调主机的存在感。

施工关键

1. 金属扩张网部分直接固定于楼板侧边，垂直高度部分则利用吊件与天花板做固定衔接。
2. 裸露管线特意稍微往内侧收整，并经过喷漆处理尽可能隐形化。

图片提供：湜湜空间设计

图片提供：湜湜空间设计

设计手法 09　红铜吧台闪耀金属光泽，创造亮点

运用范围：吧台装饰。

金属种类：红铜。

设计概念：一进入空间，就能看到风格抢眼的拓采岩薄片，特殊的粗犷纹理为空间率先奠定稳重自然的氛围。吧台本身以回收旧木制成，为了与深色木皮相合，设计师运用相似色系的红铜统一调性。而红铜本身隐隐闪耀的金属光泽，则能作为视觉亮点，在一片沉稳的质朴素材中，注入贵气轻奢的质感。

图片提供：溢空间

施工关键

1. 吧台桌面以木板材为底，定制红铜造型并在边角折出四面。
2. 分别在红铜与木底材涂上强力胶，红铜从底材侧面滑入固定。

设计手法 10 ｜ 金属几何线条，勾勒床架造型

运用范围：主卧背景墙装饰。

金属种类：黄铜。

设计概念：主卧延续客厅的沉稳木色，特地采用更深色的胡桃木铺陈墙面，从客厅往主卧看，通过深浅对比创造远景层次。同时沿用屋主原有的床铺与柜体，背墙刻意镶嵌黄铜条勾画几何造型，借此暗喻床头背板，在同色系的墙面的映衬下，隐约的金属光泽闪耀，增添了丰富的视觉层次。

施工关键

1. 事先于工厂切割1cm宽的黄铜条，在两侧交接处斜切，再两两对接才会密合。

2. 木墙面留出1cm深的缝隙后，嵌入黄铜条固定。

图片提供：开物设计

195

设计手法 11　红铜墙面增添舞台华丽效果

运用范围：墙面立面装饰。

金属种类：红铜。

设计概念：结合屋主的表演兴趣，设计师在客房刻意纳入一座迷你剧场，架高地面作为舞台，并设置拉帘，既能与客厅区隔，也能作为幕布使用。为了丰富舞台的戏剧效果，设计师在墙面运用红铜铺陈，不仅与整室的木色同调，闪耀的金属质感也强化空间的轻奢华丽感，同时能随着时间变色的红铜也赋予空间时代感，展现出与居住者相伴的岁月痕迹。

图片提供：开物设计

施工关键

1. 木工先放样打板，接着依照板样定制红铜薄片。红铜选用1mm的厚度，这样的厚度不会产生凹洞或折痕。

2. 红铜薄片采用密贴方式，并以强力胶粘贴固定。每块之间留缝，同时与地板则留出2~3mm的缝隙，以防热胀冷缩。

3. 表面涂上铜油保养，以防氧化。

图片提供：开物设计

设计手法 12　水磨石搭配不锈钢条，勾勒圆弧意象

运用范围：地面圆弧意象。

金属种类：不锈钢。

设计概念：这座独栋住宅被注入了与地共生、融入地景的设计概念，设计师就地采用当地盛产的水磨石铺陈地面，刻意勾勒出圆弧曲线，隐喻"一步一脚印"的意象，串联人与土地的深厚情感。而水磨石与木地板之间改以不锈钢条作为收边，取代铜条的不锈钢，具有耐热特性，在施作水磨石时能避免过热变软的问题。

图片提供：欣琦翊设计有限公司

施工关键

1. 定制8mm宽的不锈钢条，在工厂事先进行弯曲施工。

2. 现场地面定位不锈钢条位置，每段钢条以点焊连接固定，再进行水磨石地面的施工。

图片提供:/欣琦翊设计有限公司

©2024 辽宁科学技术出版社
著作权合同登记号：第 06-2021-128 号。

图书在版编目（CIP）数据

金属材质万用设计事典 ／ 漂亮家居编辑部著.—沈阳 ： 辽宁科学技术出版社，2024.4
ISBN 978-7-5591-2434-0

Ⅰ．①金… Ⅱ．①漂… Ⅲ．①金属材料－室内装修－装饰材料 Ⅳ．①TU767.6

中国国家版本馆CIP数据核字(2022)第028809号

出版发行：辽宁科学技术出版社
　　　　　（地址：沈阳市和平区十一纬路 25 号 邮编：110003）
印 刷 者：辽宁新华印务有限公司
经 销 者：各地新华书店
幅面尺寸：170mm×230mm
印　　张：12.5
字　　数：280 千字
出版时间：2024 年 4 月第 1 版
印刷时间：2024 年 4 月第 1 次印刷
责任编辑：于　芳
封面设计：何　萍
版式设计：何　萍
责任校对：韩欣桐

书　　号：ISBN 978-7-5591-2434-0
定　　价：76.00 元
编辑电话：024-23280070
邮购热线：024-23284502
E-mail:editorariel@163.com
http://www.lnkj.com.cn